KB058215

아이를 혼내기 전 / 읽는 책

하루에도
몇 번씩
감정적으로
변하는
엄마들을
위한

아이를 혼내기 전 읽는 책

히라이 노부요시 지음
김윤희 옮김

목차

부모를 난처하게 하는 착한 아이

제3장

'혼내지 않는 교육'의 권유

반항은 의욕이 넘친다는 증거

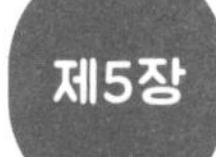

배려하는 마음을 전하기 위해

자유와 방임의 차이

아이를 장난꾸러기로 키우자

의욕은 호기심에서 비롯된다

무언가를 '하고자 하는 마음'이라는 말을 들었을 때, 아빠와 엄마는 어떤 이미지를 떠올릴까. 자기 아이의 어떤 행동에서 '하고자 하는 마음'을 느낄 수 있는가.

'하고자 하는 마음'이란 '의욕'과 같은 뜻으로 '의지력'이라고도 표현할 수 있다. 그런 점에서 하고자 하는 마음이 부족한 사람을 보면 '무기력하다'고 한다. 의지가 없는 젊은이들을 가리켜 삼무주의三無主義니 오무주의五無主義라고 지적하는 것도 같은 맥락이다.

'없다'는 성질을 나타내는 표현으로, 무기력無氣力, 무관심無關心, 무책임無責任, 무감동無感動, 무저항無抵抗, 무비판無批判 등의 표현이 있다. 이 말들은 모두 의욕에 관한 표현이라고 할 수 있다. 엄마와 아빠는 아이의 문제를 생각하기 전에 본인들의 의욕을 먼저 생각해보는 것이 중요하다. 왜냐하면 아이는 부모의 뒷모습을 보며 자라기 때문이다.

'하고자 하는 마음' 즉 '의욕'이란 어떠한 마음의 움직임일까. 나는 약 10여 명의 동료들과 5~6년에 걸쳐 그에 관한 연구를 진행했다. 그 결과 가장 밑바닥에서 작용하고 있는 마음의 정체는 바로 호기심이라는 것을 알았다. 흥미나 관심이라고 이해하면 좋을 것이다. 일본어 국어사전《광사원広辞苑》을 찾아보면 '호기심'이란 '진귀한 것. 미지의 사물에 대한 흥미'라고 되어 있다. 또한 흥미라는 단어는 '재미있다고 느끼는 것. 심리학에서는 어느 대상이나 현상에 특히 관심을 보이는 경향'이라고 정의되어 있다.

심리학에서 말하는 '호기심'은 스스로 자극이나 정보를 구하고 적당한 긴장과 역경을 찾아나서는 마음을 가리킨다. 내면에 숨어 있는 호기심이 다양한 상황에서 겉으로 드러나는 것이다. 아이들에게는 그 한 가지가 '장난(탐색 활동)'이고, 또 한 가지는 지적인 면에서의 탐구 활동으로 이어진다고 생각할 수 있다.

'장난'은 호기심의 시작

'호기심'은 생후 일 년만 지나면 나타나기 때문에, 인간의 내부에 이미 갖춰져 있는 능력이라고도 말한다. 특히 호기심이 확실하게 나타나는 것은 기어 다니는 행동 즉 몸의 이동이 시작되면서 비롯되는 '장난'이다. 아기들 눈에 비치는 주변의 사물들은 하나같이 신기하고 진귀하기만 하다. 태어나서 처음으로 보는 것들이 아닌가. 아기들은 그 사물의 실체가 어떤지 조사하기 시작한다.

예를 들어 휴지통을 발견하면 그 안에 무엇이 들어 있는지 알고 싶어진다. 이 또한 호기심에서 비롯된 행동이다. 아기는 휴지통을 엎어서 안에 들어 있는 것을 널브러뜨린다. 그러다가 먹을 수 있을 것 같은 물건을 발견하면 입으로 가져간다. 닥치는 대로 입으로 가져가는 시기다. 하지만 휴지통 안에 먹을 수 있는 것이 들어 있는 경우는 거의 없다. 그 사실을 알게 되면 널브러져 있는 것들을 그냥 내버려두고 다시 흥미로운 대상을 찾아 이동할 것이다.

엄마는 방이 지저분해져서 싫다고 생각하겠지만, 만약 이 장난을 "안 돼" 하고 금지한다면 그것은 호기심의 싹을 잘라버리는 행동이다. 또한 물건을 입으로 가져갔을 때 "안 돼!" 하고 큰 소리를 치면 아이는 입으로 탐색하고 느끼는 행동을 멈춰버리고 만다.

그러므로 조금 난처하고 속이 상하더라도 아이가 휴지통을 엎어버리면 가만히 지켜보자. 먹을 수 있는 것이 없다는 것을 알면 그 자리를 떠날 것이다. 그런 다음 엄마가 정리하면 된다.

엄마가 바닥에 쏟아져 있는 것을 '휙, 휙' 하면서 휴지통 안에 집어넣으면 아이는 그 행동에 흥미를 보이면서 다가와 흉내를 내기도 한다. 하지만 그 행동에 정리를 한다는 의식은 없다. 그저 재미있을 것 같아서 따라하는 것뿐이다.

또 어느 날은 티슈 상자에 손을 댈지도 모른다. 상자 위로 삐죽 솟아 있는 종이를 잡아당겼더니 연이어 또 종이가 나오는 모습에 아이는 강렬한 흥미를 느낄 것이다. 계속 휴지를 뽑다 보면 어느새 상자는 텅 비어버린다. 우리 손주는 한두 달 만에 50통 정도 비웠던 것 같다. 우리는 그 휴지들을 커다란 비닐봉지에 담아 두었다가 필요할 때면 꺼내 썼기 때문에 큰 문제가 되지 않았다.

이런 장난은 한두 달 계속되지만 그 물건의 정체를 알면 더 이상 하지 않는다. 나는 그것을 '졸업'이라고 부른다. 아기들은 스스로 졸업을 하기 때문에, 졸업할 때까지 '기다린다'는 태도로 육아에 임하면 좋겠다. 그러면 "하지 마!", "안 돼!"라고 꾸짖을 필요도 없어지는 것이다.

부모가 자꾸 혼을 내면 덕분에 장난을 치지 않는 착한 아이가 될 수는 있겠지만, 덩달아 호기심마저 억눌려서 의욕 없는 아이가 되고 말 것이다. 그렇기 때문에 나는 장난을 혼내지 말자는 제안을 하고 있는 것이다.

여기에 더 나아가서 "의욕 넘치는 아이로 자랄 수 있도록 장난꾸러기로 키우자"라고 외치고 있는 것이다.

히라이 노부요시

제 1 장

아이의 의욕을 키우는 부모의 감성

장난과 의욕은
떼려야 뗄 수 없는 관계

장난은 아이의 연구 활동

아이가 돌이 지나고 걸음마를 시작하면 손이 닿는 온갖 곳을 다 만지고 다닌다. 싱크대 밑 수납장 문을 열고 냄비를 하나 둘 꺼내 가지고 놀다가, 아예 수납장 안으로 들어가 앉기도 한다. 엄마를 곤란하게 만들고 싶다거나 난장을 피우고 싶다는 마음에서가 아니다. 아이는 지금 냄비 사이즈가 각각 어떻게 다른지, 이 냄비와 저 냄비는 어떻게 다른지 조사하고 있는 중이다. 그리고 이 좁아 보이는 수납장 안에 내가 들어가 앉을 수는 있을까, 확인하는 중이다.

아이를 키우는 집에 방문해보면 어디에나 벽지에 작은 낙서 자국, 여기저기 붙여놓은 스티커 같은 '흔적'이 남아 있다. 나는 이런 것들을 그냥 내버려두자는 주의다. 사는 데 그렇게 큰 해를 끼치는 것도 아니고 말이다.

내가 아이를 그냥 내버려두자고 하는 데는 두 가지 이유가 있다. 첫 번째 이유는 아이의 '장난'이란 호기심의 표현일 뿐, 결코 나쁜 의도를 가진 행동이 아니라는 것이다. 어디 한번 고생 좀 해봐라 하는 마음을, 아이가 품었을 리가.

두 번째 이유는, 이런 '장난'도 곧 끝나기 때문이다. 평생 이런 장난을 하지는 않는다. 짧으면 한두 달, 길어봐야 몇 해 안에 졸업이다. 그 장난마저 그리운 일이 되는 것은 시간문제다.

장난과 예의범절의 관계

■

내가 이런 이야기를 하면 엄마들은 "장난과 예절을 구분해서 가르쳐야 하지 않을까요?"라고 질문한다. 그러면 나는 "아이가 그 장난을 졸업할 때까지 기다려주세요"라고 대답한다.

예의범절이라는 고정관념에 얽매어 있는 엄마들은 내 답변에 납득하지 못한다. 이렇게 다시 되묻는 엄마들도 있다. "좋은 행동과 나쁜 행동을 정확히 가르쳐주어야 하지 않을까요?" 그러면 나는 다시 대답한다. "장난은 나쁜 행동이 아닌걸요."

물론 아이들의 '장난'이 종종 부모를 곤란하게 하고 물질적 손해를 입히는 경우도 있다. 확실하게 아이가 알아듣도록 교육해야 하는 상황이 생기기도 한다. 다만 부모마다, 사람마다 상황에 대처하는 방식은 천차만별이다. 예를 들면 아이가 휴지통을 엎어버렸을 때, 방안이 지저분해지는 것을 참을 수 없다는 엄마가 있는 반면, 방안이 조금 지저분해지는 것 정도는 괜찮다는 엄마도 있다.

우리 손주 아이가 18개월이 되었을 무렵 이런 사건이 있었다. 나무블록으로 쌓기 놀이를 하고 있던 아이가 무슨 생각이 들었는지 주먹만 한 블록을 냅다 집어던지는 바람에 창호지를 붙여 만든 칸막이 문이 움푹 패어버렸다. 그걸 본 아이가 문 앞으로 걸어가는가 싶더니 이번에는 패인 부분에 손가락을 넣는 것이 아닌가. 그러더니 안쪽이 텅 비어 있다는 것을 알고, 이번에는 집어넣은 손가락을 위쪽으로 휙 올려버렸다. 결국 문은 크게 망가져버렸다.

나는 아이에게로 다가가서 "할아버지가 이 문을 고치려면 아주 고생이란다"라고 나지막이 속삭였다. 아무 생각 없이 저지른 장난이 어른에게는 아주 곤란한 일이 될 수 있다는 것을 알려준 것이다. 그날 이후로 아이는 절대로 같은 장난을 치지 않았다. 모르긴 몰라도 "할아버지를 힘들게 하는 일은 하지 말아야지"라는 생각을 했기 때문이리라.

서로를 이해하고 배려할 수 있었던 것은, 할아버지인 나와 아이 사이에 정서적인 끈이 이어져 있기 때문이다. 나도 손주와 즐겁게 잘 놀고, 아이도 나를 잘 따랐다. 나는 아이를 절대 꾸짖거나 나무라지 않는다. 혼내지 않는 훈육법으로 아이를 키운 지 벌써 40년이다. 혼내지 않아도 충분히 훈육이 가능하다.

그렇다고 아이의 심각한 장난이 한 번으로 끝났던 것은 아니다. 아이가 세 돌하고 두 달 정도가 지났을 때의 일이다. 집에 돌아와 보니 벽과 문에 빨간색 매직으로 큼직하게 X가 그려져 있는 것이 아닌가! 나는 아연실색했다. 현관으로 나를 맞으러 나온 아내에게 '이게 어찌된 일이오?' 하고 물으니 아내는 아무렇지도 않다는 듯 '저녁에 아이 엄마가 아라비안나이트를 읽어주었답니다'라고 대답했다.

아이가 읽은 이야기는 도둑이 부잣집에 물건을 훔치러 들어가려고 문에 X 표시를 해두었는데 그것을 눈치챈 현명한 시종이 모든 집 대문에 X 표시를 해놓자 도둑이 헷갈려서 결국에는 물건을 훔치지 못했다는 내용이다. 아마도 아이는 자기도 도둑으로부터 집을 지켜야겠다고 생각했거나 아니면 현명한 시종이 되고 싶었던 것일 테다.

하지만 그냥 내버려둘 수는 없는 일이었다. 혹여 옆집에라도 이런 장난을 친다면 그런 민폐가 또 어디 있을까. 손주 아이에게 단 한 마디만 했다.

"할아버지가 이 빨간 X 표시를 다 지우려면 아주 많은 돈이 필요하단다."

할아버지의 난처해 하는 표정과 말투를 살핀 아이는 역시 같은 장난을 반복하지 않았다. 망가진 문이나 빨간색 낙서는 잠시 그대로 두기로 했다. 앞으로 또 손주가 태어날 것을 알기 때문이었다. 태어나는 아이마다 이런 저런 장난을 칠 텐데, 당분간은 그대로 둬도 좋다 싶었다. 그때그때 고치려면 들어가는 비용도 만만치 않고 말이다. 겸사겸사 이를 교재로 삼아 어른들을 교육해야겠다는 생각도 들었다.

그 후로 가끔 손님이 오면 "이건 제 손주 작품이랍니다" 하고 자랑을 했다. 물론 손님은 '이게 무슨 작품이라는 거지' 하는 미심

쩍은 표정을 짓지만, 나는 그 핑계로 아이들의 장난의 의미를 말하고 싶었다. 이런 일들을 겪으면서 아이의 장난은 귀찮고 난감하다는 생각은 나의 머릿속에서 말끔히 지워졌다.

부모의 감성이 의욕을 키운다

아이가 장난치는 모습을 가만히 보고 있으면, 그 속에 독창적인 창조의 씨앗이 움트고 있다는 것을 알 수 있다. 그리고 간혹 그런 아이에게 감동하는 엄마와 아빠가 있다. 그들이 감동할 수 있는 것은 '감성'이 뛰어나기 때문이다. '부모를 힘들게 하고 난처하게 하는 장난은 하면 안 돼. 그런 부분은 확실하게 가르쳐야 해'라는 생각이 강한 부모는 아이의 창의력을 발견하지 못한다. 뿐만 아니라 아이의 창의력도 자라지 못한다.

엄마, 아빠의 뛰어난 감성은 아이의 정서 발달에 매우 중요하다. 감성이 풍부한 부모는 아이의 별 것 아닌 행동이나 사소한 장난 하나에도 감동하기 때문에, 아이의 장난을 얼마든지 인정해준다. 장난을 인정받은 아이는 창의력이 풍부한 사람으로 자란다. 다시 말해서 마음껏 개성을 발휘하는 사람이 될 수 있다는 말이다.

아이는 자발적으로 무언가를 함으로써 그 안에서 성장한다. 스스로 행동할 수 있는 환경에서는 아이들의 '의욕'이 쑥쑥 자란다. 무언가를 하고자 하는 마음, 새로운 발상, 앞으로 나아가는 긍정적인 태도의 씨앗이 아이들의 장난 안에 숨어 있다.

자발적이고
스스로 하는 아이로 키우기

자발적인 아이로 자라려면

의욕은 아이의 '자발성' 발달을 통해 풍부해진다. '자발성'이란 스스로 놀이를 생각해내고(자기 사고), 어떤 놀이를 하면 재미있을지 스스로 결정하며(자기 결정), 다른 사람에게 의지하지 않고 놀이를 전개하는(자기실현) 능력이다.

그런 능력을 가지고 있는 아이는 "무엇을 해도 좋단다"라는 '자유'가 주어졌을 때 생기 넘치고 활달한 활동을 전개해나간다. 자기 혼자 놀기도 하고 또는 친구들을 초청해서 함께 놀이를 이어가기도 한다. 그렇기 때문에 멍하니 있다거나 쭈뼛거리는 일도 없고, 선생님에게 "이거 해도 돼요?" 하고 일일이 허락을 받는 일도 없다.

스스로 할 수 있는 자유가 제한되고 보육자가 큰 권한을 갖는 보육자 지도형 교육을 실시하고 있는 유치원이나 보육원의 아이들은, 자유 시간이 되면 멍하니 앉아 있거나 의미 없이 어슬렁거릴 뿐 아니라, 보육 담당자의 지시를 받지 않으면 어떤 행동도 하지 못한다.

아이의 '자발성'을 중시하는 유치원이나 보육원을 선택하고 싶다면 아이가 스스로 생각하고 선택한 놀이(자유 놀이)를 존중해주는 곳을 고르면 된다. 그리고 보육 담당자가 "○○ 하세요"라고 지시를 내리면서 아이들을 일제히 통제하는 곳은 피해야 한다. 이런 유치원이나 보육원은 아이의 '의욕'을 압박하고 싹을 잘라버리고 있는 셈이다.

자유와 방임의 차이

아이들의 의욕은 자발성 발달과 함께 성장한다. 자발성 발달에는 아이에게 자유를 주는 것이 가장 중요한 핵심이다. 그런데 현실적으로 볼 때 자유에 관해 올바르게 이해하고 있는 사람이 그리 많지 않다. 바꿔 말해 자유와 방임을 혼동하는 사람이 많다는 뜻이다. 저명한 교육학자들조차도 세계대전 이후의 자유방임 교육이 아이들을 나쁜 길로 인도했다고 주장할 정도다.

나는 무조건적으로 아이들에게 자유를 주어야 한다고 생각하지만, 그것이 방임으로 흘러가서는 안 된다고 목 놓아 외친다. 자유는 아이의 자발성을 발달시키지만 방임은 방종으로 흘러가버릴 염려가 있다. 그러므로 자유와 방임은 대립 개념 즉 반대개념임을 분명히 알아야 한다.

그렇다면 이 두 가지 개념은 어떻게 다른가. 아이를 방임한다는 것은 아이에게 "네 마음대로 하라"고 하는 양육 태도로, 결국 그 부모는 아이에 대한 교육의 책임을 포기하는 것과 마찬가지다. 그런 아이는 책임 능력이 자라지 않으며, 자기중심적인 행동만 일삼게 된다.

그에 반해 아이에게 자유를 준다는 것은, 아이의 행동에 일일이 참견하지 않고 통제하지 않으면서 가만히 지켜보는 양육 태도다. 부모는 그러한 양육 태도를 취하면서 아이의 책임 능력이 자라고 있는지 아닌지 끝까지 확인할 필요가 있다.

아이를 지켜보고 있노라면 더디고 틀린 것 투성이다. 하는 행동마다 어리숙하고 미성숙하다 보니 부모는 자기도 모르게 참견을 하고 손이 먼저 나간다. 그리고 그것이 아이에게 예의범절을 가르치는 것이라고 착각하는 부모들이 적지 않다.

많은 부모들이 아이 행동을 도와주는 것이 아이에 대한 친절이라고 생각하는데, 사실은 그것이야말로 과보호 교육의 온상이다. 이로 인해 아이들의 자발성 발달은 늦어질 뿐이다. 친절이 오히려 달갑지 않은 결과를 가져온다.

아이의 행동을 지켜보면서 말참견을 하지 않고 도움의 손길도 내밀지 않는 것을 가리켜 나는 '맡긴다'라고 표현한다. 그리고 부모들을 향해 "아이에게 맡겨둡시다"라고 제안한다. 그런데 이 제안을 받은 부모들은 "그럼 그냥 내버려 두면 되나요?" 하고 되묻는 경우가 많다.

거듭 말하지만 그냥 내버려 두는 것은 방임이기 때문에 절대로 그렇게 해서는 안 된다. '맡긴다'는 말은 아이에게 '책임'을 지우는 행위다. 아이는 꾸물꾸물하면서도 어떻게든 스스로 해보려고 한다. 실패를 하면서도 그것을 극복하려고 한다. 그런 경험을 통해 아이의 자발성은 발달하고 책임 능력도 성장한다.

'무언無言 수행'의 권유

나는 초등학생 자녀를 둔 아빠와 엄마로부터 "우리 아이가 의욕이 없어서 고민이에요"라는 상담을 자주 받는다. 그럴 때마다 "일단 아이에게 전적으로 맡겨보세요"라고 제안한다. 즉 '무언 수행'을 권유하는 것이다. 가장 일반적인 상담은 학업에 관한 것이기에 "공부해라", "숙제 좀 제대로 해라" 하는 참견 즉 명령적 지시를 일체 하지 말라고 말한다.

무언 수행이라고 해서 무조건 아무 말도 하지 않는 것은 아니다. 즐거운 대화를 충분히 나누고, 아이가 말을 걸어오면 최대한 귀 기울여주어야 한다. 다만 명령조의 말투는 피해야 한다. 초등학생의 경우라면 "오늘부터는 엄마가 ○○ 하라는 말을 하지 않으려고 해. 만약 엄마가 그런 말을 하면 꼭 주의를 주렴" 하고 부탁을 하는 것도 좋은 방법이다. 아이가 정말 "엄마, 지금 나한테 명령했어요"라고 지적을 해주면 "어머, 미안하구나" 하고 사과하면 된다. 부모의 사과는 아이와의 신뢰 관계를 재정립하는 데 있어서 아주

효과적이다. 아빠와 엄마가 자신을 신뢰하려고 애쓰고 있다는 것을 아이가 느끼기 때문이다.

그런데 자존심 세고 교만한 부모는 아이가 지적을 하면 벌컥 화를 내며, "네가 제대로 하면 엄마가 아무 말도 하지 않을 것 아니니" 하면서 오히려 아이를 나무란다. 이는 그야말로 본말전도本末顚倒의 상황으로, 부모의 지시나 명령에 익숙한 아이일수록 의욕을 잃어버린다는 것을 아직 충분히 이해하지 못해 생기는 일이다.

엄마가 이 사실을 자각하면 아이에게 즉각적으로 사과할 수 있고, 아이도 점점 책임감을 갖게 되기 때문에 반드시 스스로 공부를 해야 한다는 의욕이 생겨난다.

하지만 그것을 당장 기대하는 것은 무리다. 막상 아이에게 맡겨보면 처음 얼마 동안은 스스로 할 줄 모른다. 당연히 성적은 떨어질 것이다. 그럼에도 불구하고 부모가 인내하며 '무언 수행'을 계속해 나가면, 아이는 조금씩 자발적으로 공부를 하게 되고, 과목에 따라서는 아이가 먼저 개인 과외를 시켜달라는 말을 하기도 한다.

다시 말해서 자발성이 서서히 발달해가는 상태를 눈으로 확인할 수 있게 된다는 말이다. 자발성은 아이 누구나 태어날 때부터 갖고 있는 능력이기 때문이다.

자발적인 아이는 친구도 잘 사귄다

부모의 '무언 수행' 효과는 학습뿐 아니라 친구를 사귀는 능력으로도 표출된다. 무기력한 아이는 자기가 먼저 친구들에게 다가가지 못하기 때문에, 친하게 지내는 친구가 없다. 그러다가 자발성이 발달하기 시작하면 친구들을 집에 데려오기도 하고, 친구 집에 놀러 가기도 하면서 교우 관계를 즐기게 된다.

일상생활 속에서 친구와 어울리는 즐거움은 사회성 발달에 있어서도 매우 중요한 의미를 갖는다. 친구가 없다는 것은 자발성 발달이 뒤처지고 있음을 의미하며, 동시에 사회성 부진을 동반한다고 할 수 있다.

아이는 아이다울 때 가장 행복하다

장난은 유머와 창조성을 길러준다

21세기 교육의 첫걸음은 글로벌 인재로서의 자질을 기르는 것이다. 글로벌 인재로서의 자질이란 어떤 것일까?

우선 적극성이 필요하다. 적극성이라 함은 진취적인 자세로 행동하는 것인데, 여기에도 역시 의욕 즉 '무언가를 하고자 하는 마음'이 크게 관여하고 있다. 의욕은 자발성 발달과 더불어 자라므로, 육아를 할 때는 우선 자발성 발달을 어떻게 도울지 고민할 필요가 있다. 그러기 위해서는 가장 먼저 자유를 만끽하게 해주어야 한다.

또 한 가지는 유머 감각을 기르는 것으로, 그러려면 아이의 익살과 장난을 존중해주어야 한다. 익살과 장난은 웃음을 동반한다. 많이 웃을수록 몸과 마음이 건강해져서 웃음 치료를 통해 난치병을 치료했다는 사례들이 자주 보고되고 있다. 엄마와 아빠가 많이 웃으면 집안 분위기도 밝아지고 아이들 정서 안정에도 도움이 된다.

다음으로 창조성이 풍부한 인격을 갖추어야 한다. 창조성이란 지금까지는 없었던 새로운 사고나 사물을 만들어내는 능력이다. 창조성이 풍부한 사람은 본인이 즐거운 것은 물론이고 타인을 즐겁게 하고 행복하게 하는 삶을 살 수 있다. 나아가 가까운 사람들뿐 아니라 세계 모든 사람들을 위해 공헌할 수 있는 사람으로 자란다. 창조적인 사람은 매일의 생활에 생기가 넘치고, 노후에까지 그 영향이 미친다.

창조성은 지금까지 없던 새로운 것을 창조해내는 것이기 때문에, 기존의 틀 안에 갇혀서는 실현할 수 없다. 그렇기에 그 틀을 깨고 나올 수 있는 힘 즉 의욕도 필요하다. 그러기 위해서는 자발성 발달을 도와주는 교양과 교육이 필수적이며, 무한한 자유도 보장해주어야 한다.

기운 넘치는 아이는 이렇게 키운다

자발성이 순조롭게 발달하고 있는 유아는 엄마나 아빠가 명령하지 않아도 자기가 알아서 재미있게 놀며 즐긴다. 그러다보니 한두 살짜리 아이의 경우에는 차분하지 못하고 산만한 아이로 보일 수 있다. 호기심도 강해서 닥치는 대로 장난을 치기 때문에 엄마, 아빠를 난처하고 곤혹스럽게 하는 사태가 벌어지기도 한다.

하지만 창조성 발달을 위해서는 장난치는 아이를 혼내서는 안 된다. 나는 오히려 "장난꾸러기로 만듭시다" 같은 슬로건을 내걸고 있을 정도다. 다만 자신의 장난 때문에 힘들어 하는 사람이 있다는 것을 확실하게 인지하도록 지도해야 한다. 이를 통해 서서히 다른 사람이 곤란해 하는 행동은 하지 않겠다는 마음이 자라고, 장난이 치고 싶더라도 참을 수 있게 되는 것이다. 나는 이를 가리켜 '자기통제 능력'이라고 부른다.

이 능력은 '엄마, 아빠한테 혼나기 때문에 하지 않는다'는 타인의 존재에 의한 통제와는 질적으로 다르다. 혼나기 때문에 하지 않는 아이는 자신을 혼낼 사람이 없는 곳에서는 어떤 행동을 할지 알 수가 없다. 안전지대를 벗어나면 주변 사람들에게 폐를 끼치거나 싸움을 할지도 모른다.

이는 30여 년 동안 진행한 히라메 합숙에서, 참가한 초등학생들을 관찰하며 수없이 확인한 사실이다. 이 합숙은 어른들과 함께 진행했는데, 하루 일과표도 없고 금지사항도 일체 없다. 어떤 행동을 해도 혼내지 않는다는 방침도 세웠다.

다시 말해서 아이들에게 전면적인 자유를 주는 것이다. 그 결과 합숙에 참가할 때까지는 부모나 선생님의 말을 잘 들었던, 잘못된 기준으로 '착한 아이' 평가를 받았던 아이들이 완전히 안전지대를 벗어나 일탈 행동을 하기 시작하는 경우가 적지 않았다. 아이들 속에 잠겨 있던 욕구들이 단번에 분출되는 상황이 벌어졌는데, 막무가내로 친구나 어른들에게 몽둥이를 휘두르거나 지붕에 올라가서 쿵쾅쿵쾅 걷는 등 도무지 손을 댈 수 없을 정도였다.

다시 말해서 합숙에 들어오기 전까지의 '착한 아이'는 부모님이나 선생님에게 혼나고 싶지 않고 칭찬 받고 싶은 마음에서 거짓으로 만들어진 모습이었던 것이다. 착한 아이 가면을 쓴 채로 계속 살게 되면 사춘기를 지나고 나서도 여러 가지 문제를 일으킬 위험성이 적지 않다.

여러 가지 문제란 등교거부일 수도 있고, 노이로제나 신경성 신체 질환일 수도 있다. 본인도 고통스럽겠지만 그런 아이를 대응해야 하는 주변의 어려움에 관해 부모들도 심각하게 고민하지 않으면 안 된다.

정말 착한 아이란

정말 착한 아이란 어떤 아이일까. 앞서 언급했듯 장난을 치거나 익살과 농담을 즐기고, 부모와 선생님에게 반항을 하며 친구들과 싸움을 하는 등 어린 아이답게 생기 넘치고 씩씩하게 생활하는 아이를 말한다. 이런 아이들은 나이를 먹으면서 다양하게 모습을 바꾸는데, 잘못된 '착한 아이 상像'에 얽매어 있는 엄마와 아빠로서는 그런 아이를 보며 화를 내기도 하고 불안에 떨기도 한다.

느긋한 부모들은 아이의 행동을 편안한 마음으로 지켜볼 수 있지만, 예의범절이나 체면을 중시하는 부모들은 안절부절 하지 못하며 아이들을 혼내는 경우가 많다. 특히 어릴 때 예절을 가르쳐야 한다고 조바심을 내는 부모는 걸핏하면 아이에게 큰 소리를 내고 꾸지람을 하기 때문에, 아이의 마음은 어둡고 우울해지고 만다.

내가 만난 어떤 대학생은 무조건 화부터 내는 아버지 때문에 어릴 때부터 집에 있든 외출을 하든 늘 마음이 불안했다고 한다. 한 명은 자살까지 생각했을 정도였고, 또 한 명은 시기와 질투가 많아서 친구를 거의 사귀지 못한 데다가 아주 작은 소리에도 깜짝 깜짝 놀라는 증상이 생겼다며 상담을 왔다. 두 사람 모두 웃음이라고는 찾아볼 수 없는 가정에서 자랐다.

아이의 행동이 걱정되는 엄마와 아빠는 아이 발달에 대해 구체적으로 다루고 있는 책을 읽어보는 것도 좋은 방법이다. 특히 연령대 별로 특징을 다루고 있어 '돌이 지난 유아들은 이런 행동이 두드러진다' 하는 실질적인 정보가 들어 있는 책이 좋다.

우리 아이 장난 노트

아이가 했던 기발한 장난을 적어보세요.
그때 혹시 너무 화를 내지는 않았는지, 아이가 풀이 죽도록 혼내지는 않았는지 떠올려보세요.

제 2 장

부모를 난처하게 하는 착한 아이

아이의 발달 과정을 이해하자

부모 말을 듣지 않는 착한 아이

우리 아이 셋이 모두 유아였을 때 미국의 아동 심리학자인 아널드 게젤Arnold Lucius Gesell이 쓴 《0세에서 6세까지》를 읽었다. 그 후로 아이를 혼내야 하나 생각이 들 때는 우선 그 책부터 펼쳐보는 습관이 생겼다. 책을 읽어보면 아이의 행동 대부분이 정상적으로 발달하고 있다는 증거라고 적혀 있기 때문이었다. 그래서 상황이 지나가고 나서 그 순간에 혼내지 않기를 잘 했다고 안도의 숨을 쉰 적이 종종 있었다.

게젤 박사가 정리한 아동 발달의 기본 개념은 '좌충우돌'이라고 할 수 있다. 말을 듣지 않아서 애를 먹은 시기도 있지만 그 시기를 지나면 비교적 말이 잘 통한다. 그러다가 안심할 때쯤 다시 반항을 하는 시기가 기다리고 있다. 그렇다 보니 늘 점잖고 의젓하게 부모 말을 잘 듣는 아이는 무언가 문제가 있지 않나 싶다. 그런 아이들은 의욕이나 호기심이 부족할 수도 있다. 많은 엄마, 아빠들이 의욕은 조금 부족할지 몰라도 부모를 힘들게 하지 않으니 착한 아이가 아닐까 생각한다. 하지만 차분하고 의젓하게 부모 말을 잘 듣고 예의 바른 아이야말로 자발성 발달이 더딜 뿐 아니라 스스로 할 마음도 없다는 사실을 알아야 한다.

물론 의욕이 넘치는 아이는 장난이 심하고 농담과 익살을 즐긴다. 그뿐 아니라 때로는 반항도 하며 종종 친구들과 싸움을 하는 등 엄마, 아빠 입장에서는 감당하기 힘든 일들이 벌어질 때도 있다. 부모로서는 어떻게 해야 좋을지 몰라서 당황스럽기도 하고 고민도 되지만, 이런 아이를 착한 아이가 아니라고 말할 수는 없다. 오히려 착한 아이일 수도 있다.

이런 고민은 아이의 성장 발달에 관해 제대로 공부를 하지 않았기 때문에 생긴다. 조금만 열심을 내서 공부를 하면 부모의 고민과 방황은 훨씬 줄어들 것이다. 예를 들면 두 살에서 세 살까지의 아이들은 어떤 행동 패턴을 보일까. 본인 저서인 《유유아의 발달乳幼児の發達》을 참고해서 소개하려고 한다.

두 살~두 살 반 아이의 모습

정서와 사회성

① 침착하지 못하다

이 시기에는 활동이 왕성하다. 연신 놀이를 바꾸며 이리저리 이동하는 등 가만히 앉아 있지 못한다. 탈 것을 타고 노는가 싶다가도 금방 그것을 내팽개치고 의자 위로 올라간다거나, 갑자기 그림책을 보는 등 산만하다. 방안이 점점 어질러진다. 그때그때 정리하자니 시간이 아깝다는 생각이 들 정도의 상태다.

어쨌든 신체 활동에 의욕이 넘친다. 본인의 활동이 허용되는 범위 내에서는 늘 즐겁다. 혹시 우리 아이가 산만한 것은 아닐까 걱정할 필요는 없다. 잘 관찰하다 보면 집중해서 하는 놀이가 있다는 것을 발견하기도 한다. 오히려 걱정스러운 것은 너무 착하고 예의 바른 아이, 활동성이 없고 가만히 앉아 있기만 하는 아이이다.

② 자신 있어 하고 자만하기도 한다

장난감을 가지고 놀다가 무언가 한 가지 형태가 만들어지면 의기양양한 표정으로 칭찬을 기대한다. 새 옷이나 모자, 신발 등을 입혀주면 사람들에게 자랑하려고 하고 칭찬받는 것을 즐긴다.

아이들의 정서는 차차 범위가 넓어진다. 이때 자랑하고 싶고, 칭찬받고 싶은 정서가 드러나기 시작한다. 엄마들 중에는 이런 아이의 모습을 보고 교만한 것은 아닐까 걱정하는 사람이 있는데, 그 또한 발달 단계 중 하나일 뿐이다.

③ 늘 제멋대로다

집안에서는 제멋대로 말하고 행동하는 경우가 많다. 어른 물건을 만지작거린다거나 과자 같은 먹을거리에 욕심을 내며 자신의 요구를 관철시키려고 한다. 일단 손에 쥔 것은 좀처럼 놓으려고 하지 않는다.

하지만 잘 설득하면 양보하기도 한다. 조금씩 욕망을 억제하는 능력이 발달하고 있음을 알 수 있다. 그래도 '주세요, 주세요'라고 보채는 경우가 훨씬 많다.

④ 자기 물건을 소중히 여긴다

자기 장난감이나 물건을 소중히 여긴다. 더럽히는 경우는 있어도 이전처럼 부수거나 망가뜨리지는 않는다. 아직 자기 물건을 다른 사람에게 빌려주거나 음식을 나누어 먹지는 못한다. 또래 친구들이 다가와도 꽉 붙들고 절대로 내려놓지 않는다. 혹은 어딘가에 숨겨놓기도 한다. 간혹 빌려주기도 하지만 '내꺼야' 하면서 불안한 듯 중얼거린다.

아이의 이런 모습을 인색하다거나 이기적이라고 생각해서는 안 된다. 소유 의식이 점점 확실해지고 있다는 표현이다. 그 의식을 소중히 여기며 키워주도록 하자.

⑤ 옷을 갈아입을 때는 느릿느릿

혼자서 식사를 한다거나 옷을 갈아입으려고 하지만 아직은 느리고 어설프다. 엄마가 도와주려고 하면 다른 것에 흥미를 느끼는 바람에 옷을 갈아입히기가 어렵다. 옷을 갈아입는 중간에 '잠시만 기다려 줄래' 하고 말하면, 긴 시간이 아닌 경우는 기다려 주기도 한다.

엄마로서는 시간이 너무 걸리기 때문에 직접 손을 대거나 잔소리를 하고 싶어진다. 우물쭈물 거리고 있을 때 '이제 곧 나갈 시간이야', '이제 간식 먹을 시간이야' 하고 말을 걸어주면 즉시 행동을 이어간다.

⑥ 손가락을 덜 빤다

손가락을 빠는 정도가 훨씬 줄어든다. 낮 시간에 놀고 있을 때는 거의 빨지 않는다. 배가 고플 때나 피곤할 때 외에, 실망스럽다거나 흥분했을 때도 손가락을 빤다. 놀다가 지치면 손가락을 빠는 일이 많아지고 혹은 울거나 부모에게 응석을 부린다. 특히 밤에 졸음이 오면 다시 손가락을 빠는 아이들이 많다.

이 시기 아이들은 낮에는 별로 손가락을 빨지 않는다. 예전처럼 다시 손가락을 많이 빤다고 느껴지면, 아이의 활동을 가로막는 부분이 없는지 생각할 필요가 있다. 특히 이 시기에는 야외 놀이가 많이 필요한데 그 시간이 부족하지 않은지 혹은 엄마가 거부하는 바람에 응석을 부리지 못하고 있지는 않은지 검토해보아야 한다.

⑦ 착한 아이, 나쁜 아이를 이해한다

화장실에 가서 소변을 보았다거나 옷을 빨리 잘 갈아입었다거나 일상의 사소한 일에서 '나, 착하죠?'라는 말을 반복한다. 어떤 일을 실패했을 때나 엄마 말을 듣지 않아서 엄마를 난처하게 하면 '나, 나쁜 아이죠?'라고 묻는다.

이런 현상들은 가정생활 속에서 부모들이 평가하는 '착한 아이, 나쁜 아이'가 아이 머릿속에 그대로 반영되기 때문에 생긴다. 그러므로 착한 아이, 나쁜 아이를 평가할 때는 신중해야 한다. 부모가 임의로 평가해서는 안 되고 가족 내에서 통일된 평가가 이루어지도록 주의할 필요가 있다.

⑧ 부모와 점점 친숙해진다

아빠보다는 엄마와 친하게 지내며 엄마와의 스킨십을 즐기며 무릎에 올라타기도 한다. 무슨 일이든 엄마가 해주기를 바라고, 늘 엄마 손길을 필요로 한다. 특히 어려운 일이 생긴다거나 피곤할 때는 당연히 엄마를 찾는다. 아빠와의 놀이가 점점 늘어난다. 무엇보다 아빠와 노는 시간이 즐겁다.

엄마 무릎 위에 앉아서 엄마의 이야기를 듣는 것은 아이에게 큰 즐거움이다. 때로는 아이 자신이 직접 보고 들은 것을 엄마에게 들려주기도 한다.

아이는 엄마가 손님과 대화중이거나 아빠와 이야기를 하고 있을 때, 자기 쪽으로 주의를 끌기 위해, 엄마에게 계속 말을 건다거나 질문을 던지면서 방해를 한다. 이런 현상 역시 엄마와의 관계가 상당히 밀착되어 있다는 것을 나타내는 것이다. 그런 마음을 이해하고, 대화로 설득을 한다거나 잠시 기다릴 수 있도록 이해시키는 노력이 필요하다. 성가시게 군다며 아이를 험하게 다루는 것은 바람직하지 않다.

아이는 아빠가 곁에 있으면 무조건 '놀아줘요!'라고 매달린다. 바깥 일로 피곤한 상태에서 귀찮을 수 있지만, 부자관계를 친밀하게 만들 수 있는 좋은 기회다.

⑨ 형제자매에 관해 관심이 적다

형이나 누나 사이에 끼어들어서 노는 경우도 있지만 그 안에서 역할을 차지하기란 힘들기 때문에 결국에는 따로 놀게 된다. 아이 본인도 형제자매에게 적극적인 관심이 없는 상태다. 남동생이나 여동생(아가)의 유아용품(의류, 젖병, 침대, 베이비 파우더 등)에 관심을 보이며 그것들을 물끄러미 바라보기도 하고 만지작거리기도 하지만, 정작 동생 자체에는 관심이 별로 없다.

만약 유아용품을 만졌다는 이유로 혼이 나면 동생을 미워하게 된다거나 엄마에게 더욱 응석을 부리는 등 다양한 반응을 보일 수 있다. 구체적으로 유아용품을 다루는 법이나 동생 육아에 참여할 수 있는 방법을 모색하는 것이 좋다.

⑩ 친구들의 행동을 물끄러미 지켜본다

이전과 달리 또래 친구들의 움직임을 유심히 지켜보는 경우가 많아진다. 즉 친구에 대한 관심이 싹트고 있다는 것을 알 수 있다. 친구들과 다른 놀이를 하고 있으면서도 친구들이 있는 곳을 의식한다. 친구들이 이동하면 따라서 이동하기도 한다. 아는 친구든 모르는 아이든 곁으로 다가가서 안아주기도 한다.

예를 들면 친구가 모래를 두드리면 따라서 두드린다. 친구 뒤를 쫓아다니거나 이쪽저쪽으로 뛰어다니며 즐거워하는 모습을 볼 수 있다. 집안에서 놀 때도 친구들과 한 팀이 되어 크레용 색칠을 할 수 있다.

하지만 여전히 자기 물건 특히 장난감은 독점하려고 한다. 좀처럼 친구들에게 빌려주려고 하지 않는다. 친구들이 다가와 가지고 놀려고 하면 양손으로 가로막으며 방해를 하기도 한다. 친구가 돌진해 오면 때리거나 꼬집기도 하고 또는 깨물기도 하면서 싸운다. 자기 물건은 아까워서 빌려주지 않으면서 친구 장난감은 달려들어서 빼앗으려는 현상은 아직 남아 있다. 장난감을 두고 벌이는 아이들의 싸움은 정말 대단하다.

싸움을 할 때 얌전한 아이가 손해를 보더라도 그것을 부당하다고 생각하지 않는다. 장난감을 빼앗긴 아이가 엉엉 울고 있어도 아랑곳하지 않고 빼앗은 장난감을 어루만지고 있다. 이런 경우, 장난감을 빼앗은 아이 엄마는 미안한 마음이 들어서 자기 아이를 혼낼 것이다. 빼앗긴 아이 엄마는 장난감을 빼앗은 아이를 나쁜 아이라고 생각할지도 모른다.

이 시기를 지나고 세 살 전후가 되면 사이좋게 지내는 능력이 발달한다.

⑪ 낯가림을 한다

여전히 낯선 사람에게는 다가가지 않는다. '안녕' 하고 말을 걸면 손가락을 빤다거나 엄마 뒤로 숨는다. 하지만 그런 아이를 소극적이라거나 사교성이 없다고 판단할 만한 상황은 아니다. 처음 만나는 사람이라도 약간 낯이 익으면 그 사람에게 장난감을 건네기도 한다. 아빠나 엄마가 '안녕히 가세요, 해야지'라고 하면 '안녕' 하고 인사를 하기도 한다. 다른 장소에서 놀고 있다가도 달려와서 '안녕히 가세요'라는 말 정도는 할 수 있다. 안녕이라는 인사와 함께 악수도 하는 등 적극적인 아이도 있다.

병원이든 미용실이든 아이를 상대로 하는 사람들이 아이들을 좋아하고 그 사람들과 아이가 친해지면 그곳에 가는 것을 거부하지 않게 된다. 아이가 좋아하는 의사가 있다면, 몸 상태가 좋지 않을 때 아이가 먼저 '의사 선생님한테 가요'라고 말을 꺼내는 경우도 있다. 아이와의 구체적인 정서적 관계가 얼마나 중요한지 알 수 있는 대목이다.

⑫ 놀이가 점점 활동적이 된다

아이 혼자 노는 시간이 상당히 길어진다. 한 시간 이상씩 혼자서 놀고 있을 때도 있다. 놀이 종류는, 소꿉놀이를 하면서 인형 혹은 동물 인형에게 먹이를 준다거나 소변을 보게 하기도 하고 다림질을 한다거나 빨래를 하는 등 가사와 육아에 관한 것이 많다. 탈것을 가지고 놀기 좋아하고 바퀴를 굴리거나 달리는 등의 놀이를 좋아한다. 함께 노래를 부르기도 하고 리듬에 맞춰 껑충껑충 뛰기도 한다.

주로 여자 아이들이 이런 놀이를 한다고 생각하기 쉬운데, 인형이나 동물을 주면 남자 아이들도 거의 비슷한 놀이를 한다. 일상생활 속에서 학습한 부분이 놀이 속에 전개되는 것이다. 소꿉놀이하는 것을 보고 있으면 엄마의 평소 행동을 흉내 내는 경우가 많다. 아이의 생활환경이 얼마나 중요한지 알 수 있는 대목이다.

⑬ 산책을 좋아하지만 낯선 장소를 싫어한다

산책을 가면 비교적 어른과 손을 잡고 잘 걸어 다닌다. 밖에서는 의외로 생각이 깊어지고 어른스러워진다. 하지만 도로 바깥쪽으로 걷는다거나 보도 블럭 같은 곳의 좁은 부분을 걸으려고 한다. 전신주나 휴지통 등 길에 있는 사물들을 만지작거린다. 평소에 산책을 하던 길과 다른 곳으로 가면 무서워하고 싫어한다.

새로운 장소에 가면 처음에는 낯설어 하기도 하며 소리 내어 울면서 '집에 가자, 나가자' 하면서 보채기도 한다. 그러다가 무언가 흥미를 끌 만한 것을 발견하면 울음을 멈추고 거기에 집중한다.

하지만 흥미가 사라지면 다시 울음을 터뜨린다.

부모 입장에서는 아이를 즐겁게 해주기 위해서 데려간 곳에서 아이가 울음부터 터뜨리면 할 말을 잃는다. 어떨 때는 배신감을 느끼기도 한다. 그러다보면 아이를 혼내기도 하는데, 그럴 때는 오히려 부모가 장소를 선택할 때 착오가 있지는 않았는지 반성해보아야 한다.

생활습관

① 수면

{ 낮잠 }

낮잠을 자는 날도 있고 아닌 날도 있다. 낮잠을 자는 날은 두세 시간씩 자기도 한다. 매일 낮잠을 재우려고 해도 마음대로 되지 않는 경우가 많다. 낮잠을 자지 않고 하루 종일 노는 아이와 무조건 낮잠을 자는 아이는 수면 시간에 개인차가 있다고 생각하면 된다. 낮잠을 안 잔다고 해서 걱정할 필요는 없다.

낮잠을 자다가 눈을 뜨면 꼼지락거리며 금방 일어나지 않는다. 어떨 때는 계속 졸려 하면서 이불 속에 가만히 있기도 한다.

{ 밤 수면 }

낮에 활발하게 활동을 한 날은 저녁 7시만 되어도 졸음이 오기 때문에 비교적 큰 어려움 없이 잠자리에 들 수가 있다. 그럴 때 '졸려'라고 확실하게 말하는 아이도 있다. 어떤 아이는 식사를 하면서 졸기도 한다.

저녁에 일찍 잠자리에 드는 아이로 키우려면 낮 시간의 활동과 운동이 얼마나 중요한지 알 수 있다. 활동량과 운동량이 적은 아이는 밤늦게까지 깨어 있다. 특히 낮잠을 오래 잔 경우에는 더욱 잠자리에 들기 어렵다. 그러므로 낮잠 시간은 되도록 짧게 제한하는 것이 좋을 수도 있다. 유치원이나 어린이집의 낮잠 시간도 집에서의 취침 시간을 고려해서 결정해야 한다.

잠자리에 들 때 장난감이나 그림책을 가지고 들어가는 것은 아이에게 큰 즐거움이다. 특히 그림책을 좋아하고 엄마가 읽어주면 아주 기뻐한다.

어두워지면 무섭다며 불을 켜라는 주문을 하기도 한다. 너무 밝으면 잠이 잘 오지 않지만 약하게 조명을 켜두면 안심하고 잠을 청할 수 있다. 특히 졸음이 오려고 할 때 어깨까지 푹 이불을 덮어주면 마음을 놓고 잠이 드는 경우가 많다. 잠들기 전에 오랜 시간 몸을 뒤척이기도 한다.

밤새 한 번도 깨지 않고 아침까지 자는 아이도 있지만, 여러 번 깨서 '나, 쉬~'라고 하는 아이도 있다. 또는 자면서 소변을 보기도 하기 때문에 기저귀가 필요한 경우도 있다.

이 연령대에는 특히 개인차가 크다. 기저귀를 떼지 못한다고 해서 걱정할 필요는 없다. 서두르지 않아도 된다. 간혹 작은 소리에도 잠이 깨는 아이도 있다.

{ 아침 기상 }

6시 반~7시 반에 눈을 뜨는 경우가 많다. 그리고 아침 식사 시간까지 혼자서도 잘 논다. 이런 수면 시간은 구미 등지에서 잘 지켜지는 편이다. 아이 방이 따로 있고 사회적으로도 각 가정마다 시간을 정해두고 있기 때문에, 아이들 역시 취침과 기상 시간을 지키기가 수월하다. 일본 같은 경우는 직업(특히 상업)에 따라 일과가 끝나는 시간이 늦어지기도 하고, 아빠 퇴근 시간이 늦어지는 등 취침 시간이 규칙적이지 않을뿐더러 기상 시간도 취침 시간에 좌우되는 경우가 많다.

② 식사

젖니가 모두 나면 턱과 혀를 사용해서 음식물을 잘 씹고 삼킬 수가 있다. 재료가 다양하게 섞인 음식보다 원재료 형태를 유지하고 있는 음식을 좋아한다. 좋아하는 음식 이름을 대며 '주세요' 하고 요구한다. 싫어하는 음식은 '싫어요'라고 정확한 말로 거부한다.

점심 식사를 할 때 가장 식욕이 왕성하다. 하루 종일 모든 식사 때마다 식욕이 생기지는 않는다. 식사 중에 흘리거나 어지럽히지 않고 식사를 하는 아이도 있지만, 대부분은 음식을 흘리고 쏟는다. 간혹 음식을 쏟을까봐 식사를 멈추기도 하는데, 그럴 때는 다시 식사를 하도록 분위기를 맞춰주면 계속 먹기도 한다.

숟가락 사용이 능숙해져서 엄지와 검지로 숟가락을 들고 흘리지 않고 입으로 가져갈 수 있다. 컵이나 그릇을 한 손에 들고 다른 손으로 젓가락질을 한다. 그리고 국물을 마신 다음 상 위에 그릇을 내려놓을 수도 있다. 이 때 국물을 흘리는 경우도 적지 않다. 하지만 그래도 혼자서 식사를 하겠다며 '엄마, 저리 가'라고 말하는 아이도 있다. 식사가 끝나면 그제야 엄마를 찾는다.

간식을 좋아한다. 더 먹고 싶어서 '더 주세요' 하고 억지를 부리지만 '이제 그만' 하고 말하면 알아듣는다. 이 나이 때 '더 주세요'라는 요구가 유난히 많은 아이는, 부모가 무조건 아이의 요구를 들어주지는 않았는지 반성할 필요가 있다. 그리고 일정 한계를 정해서 이해할 수 있도록 지도하는 것이 바람직하다.

식사 준비를 하고 있는 엄마 행동을 지켜보면서 즐거운 마음으로 기다릴 수 있고, 엄마를 도울 수도 있다. 아이가 할 수 있는 일은 아이의 도움을 받는 것도 중요하다.

③ 대소변

{ 대변 }

대변에 대해서는 거의 실패하는 일 없이 '똥', '응가'라고 말할 수 있도록 가르친다. 하지만 아주 드물게 실패하는 경우가 있는데, 그것은 식후에 배변을 하지 않는 아이에게서 많이 볼 수 있다.

더구나 이 나이가 되어서도 배변을 가르치지 않았다거나, 엄마가 안 보이는 곳에 숨어서 바지에 배변을 하는 경우는 이상이 있다고 보아야 한다. 그 원인의 대부분은 아이가 어린 시기에 무리하게 예절을 가르치려고 부모가 조바심을 냈다거나, 아이가 실수를 했을 때 크게 혼을 냈을 경우다. 어느 정도는 아이에게 맡기는 마음을 길러야 할 필요가 있다.

바지를 혼자서도 벗을 수 있다. 부모가 바지를 벗겨주면 '엄마, 가!' 하면서 혼자서 변기에 앉으려고 한다. 배변이 끝나면 다시 '엄마!' 하고 도움을 청한다. 바지를 완전히 벗겨주는 것이 배변에 편하다. 아예 웃옷까지 모두 벗어버리려는 아이도 있다.

{ 소변 }

'응가(대변)'와 '쉬~(소변)'를 구분해서 가르칠 수 있다. 소변을 가르치면 준비가 될 때까지 참을 수 있다. 오전과 오후 정해진 시간이나 잠자기 전에 '쉬하자'라고 말하면 따라한다. 거의 실패하지 않는다.

하지만 놀이에 심취해 있어서 소변이 마려워도 참다가 실패를 하기도 한다. 스스로 바지를 내리기는 하지만 타이밍이 맞지 않는다. 한 번 실패를 하면 연거푸 실패할 수 있다.

옷에 소변을 보면 움직이기 불편하기 때문에 울음을 터뜨리기기도 하지만, 반면에 젖은 바지를 자기가 직접 처리하려는 아이도 있다. 그렇기 때문에 바지에 실수를 하더라도 꾸지람을 한다거나 무시하는 발언을 하지 않도록 주의할 필요가 있다.

{ 한밤중에 소변보기 }

밤중에 깨우면 화장실에 가기 싫어하는 경우가 대부분인데 막상 아침에 보면 바지에 실수를 하기도 하기 때문에, 완전히 기저귀를 떼지 못하는 경우가 많다. 밤에 깨우면 순순히 따르는 아이도 있지만 대부분은 자다가 일어나서 화장실에 가기를 꺼려한다. 굳이 화장실로 데려가기 보다는 아이용 간이 화장실을 준비해두는 것이 좋다.

④ 옷 입고 벗기

간단한 옷을 스스로 입기도 하고, 모자를 쓰거나 손모아 장갑 정도는 스스로 낄 수 있다. 그러다보면 바지 한 쪽 구멍에 두 발을 넣기도 하고, 모자 앞뒤를 바꿔 쓰는 경우도 있다. 자신의 그런 행동에 전혀 개의치 않는다.

복잡한 옷을 입을 때 보통은 엄마가 입혀주는 대로 가만히 있지만, 몸을 이쪽저쪽 비틀어서 몸통을 맞춘다거나 바지 허리부분을 끌어올리는 등 자기가 입어보려고 하는 태도를 보이기도 한다. 아이가 그런 태도를 보이면 응원해주고 북돋아주는 것이 좋다.

혼자서 타이즈나 바지를 벗을 수 있다. 또한 외출을 할 때면 코트나 모자를 가져 오기도 한다. 그러므로 그런 종류는 아이 손이 닿는 곳에 두는 것이 좋다.

⑤ 목욕

밖에서 놀고 들어온 후나 저녁 식사 후 목욕을 하자고 하면 싫어한다. 엄마와 아빠가 몸을 씻어주면 자기가 직접 비누칠을 하려고 한다거나, 타월로 몸을 닦는 등 스스로 해보려는 경향이 보인다. 물론 능숙하지는 못하지만 할 수 있는 만큼 아이에게 '맡겨보기'를 추천한다.

⑥ 위생 습관

아침에 일어나면 세면대로 가서 부모님과 함께 양치질을 하기도 하고 세수하는 것을 즐긴다. 이런 즐거움을 맛보게 하면서 점차 위생 습관을 들이면 된다.

놀고 들어온 후에는 엄마가 시키는 대로 손을 씻는다. 아이는 씻으면서 물장난 치기를 좋아한다.

이동, 운동, 감각

① 운동

넘어지지 않고 잘 달린다. 달릴 때 몸을 앞쪽으로 기울일 수 있게 된다. 안정된 느낌이 든다. 걸을 때 무릎과 팔꿈치도 조금씩 구부리고 어깨를 편다. 팔을 크게 젓는다. 바닥의 물건을 주울 때 무릎과 허리를 동시에 구부린다. 일어설 때는 몸을 숙이면서 허리를 세우고 그 다음에 머리를 든다. 대부분 어른과 똑같은 동작을 할 수 있다.

점프를 할 때는 무릎을 구부린다. 관절을 사용하는 운동 종류가 늘어나는 것을 알 수 있다.

높은 의자에 앉을 때 기어오르듯 올라가고, 내려올 때는 엎드리듯 엉덩이를 밖으로 빼면서 내려온다. 계단을 오르내릴 때 하나씩 발을 맞추면서 혼자 할 수 있다. 이 나이의 아이들을 주의 깊게 지켜보고 있으면, 손이 갈 동작들이 그리 많지 않다는 것을 알 수 있다.

혼자서 공을 찰 수 있다. 야구 놀이를 하면서 팔을 빙글빙글 돌릴 수도 있고, 앞뒤로 휘두를 수도 있다. 또한 체조를 할 때 머리를 앞으로 숙이는 동작도 가능하다.

그네를 좋아하기는 하지만 앉혀주지 않으면 탈 수가 없을 뿐 아니라, 태워줘도 발을 구르는 것은 불가능하다.

음악에 맞추거나 혹은 직접 노래를 부르면서 리듬에 맞춘 동작을 하기도 하고, 달리거나 깡충깡충 뛰면서 좋아한다. 그러므로 아이들에게는 음악을 들으면서 튀어 오르거나 달릴 수 있는 기회를 충분히 주기 바란다. 이 시기에 아이를 방 안에서만 지내게 한다거나 누워만 있게 해서 운동 기회를 빼앗아버리면, 이후의 운동 기능 발달이 늦어지는 경우가 종종 있다.

눈동자를 자유롭게 움직일 수 있다. 눈을 치켜뜨기도 하고 곁눈질을 한다. 눈의 운동신경이 발달하고 있음을 알 수 있다.

② 감각과 손 운동

눈과 손의 협심 능력이 상당히 발전하여 보는 것과 손 내미는 것을 동시에 할 수 있다. 나무블록 쌓기에 큰 흥미를 보인다. 블록을 던지거나 굴리기도 하고, 두 개 이상을 나란히 늘어놓아 탈 것을 만들어서 굴리며 논다.

블록을 6~7개씩 쌓아서 탑을 만든다. 컵에 블록을 넣어보게 하면, 들어갈 수 있는 사이즈의 블록만 골라서 넣는다.

작은 사이즈의 물건을 손에 쥐고 놀 수 있다. 자갈이나 유리구

슬을 소중히 들고 다니기도 하고 꽉 쥐고 있기도 한다.

책을 한 페이지씩 넘길 수 있다. 그만큼 손재주가 늘었다는 것이다. 다시 말해서 손끝 운동이 발달했음을 의미한다.

그림 그리기가 한 단계 더 발달한다. 선의 변화가 많아지고 사각형이나 원을 제법 그럴듯하게 그리며 점을 그리기도 한다. 특히 손목을 단단히 고정해서 그린다. 양손에 크레용을 들고 그리기도 한다. 하지만 색상에 무관심하여 한 가지 색으로만 그리는 경우가 많다. 그 한 가지 색도 그때그때 기분에 따라 달라진다. 그림을 그리다가 정신이 산만해지면 일어나서 돌아다니다가 다시 제자리로 돌아와서 그리기도 한다.

찰흙놀이를 좋아하므로 찰흙을 주면 좋다. 하지만 이 나이의 놀이법은 찰흙을 덩어리째 두드리거나 주무르고 양손으로 누르는 정도에 불과하다. 간혹 조금씩 떼어서 둥글게 굴리기도 한다.

모래에 큰 흥미를 보인다. 양동이에 모래를 담기도 하고 물을 부어서 반죽을 하여 동그랗게 만들기도 한다. 모래 놀이로 한 시간 이상 놀기도 한다.

하나의 물건을 다른 물건에 끼워 넣는 것에 흥미를 보인다. 예를 들면 병 입구를 코르크로 막기도 하고 종이를 끼워 넣어 막기도 한다. 구멍이 있으면 거기에 종이나 진흙을 끼워 넣는 바람에 엄마에게 혼나는 일이 많다. 이 시기에는 간단한 퍼즐에 흥미를 보이므로 퍼즐을 가지고 놀 수 있도록 해주면 좋다.

언어

■

어휘 수가 급속히 늘어서 500단어 이상 말할 수 있다. 그림책을 보면서 사물의 이름을 말하고, 책 속 그림에 대해 질문을 하기도 한다. 엄마나 아빠가 질문을 하면 좋아한다. 한 문장에 세 단어 또는 그 이상의 어휘를 구사하고, 서서히 문장을 완성해 나간다.

그러나 언어발달에는 상당한 개인차가 있다. 이미 한 살 9개월 무렵에 세 단어 이상의 문장을 말하는 아이도 있는 반면, 이 나이가 되도록 한 단어 밖에 말하지 못하는 아이도 있다.

이렇게 빠르고 느린 현상은 지능 발달과 관계가 있기도 하지만 그렇지 않은 경우도 많기 때문에 속단은 금물이다.

혼잣말이 많아지는 것이 특징이다. 혼잣말을 반복하면서 장난감을 가지고 놀기도 하고, 자기 경험담을 혼잣말로 이야기하기도 한다. 혼자서 방 안에 앉아서 시간을 즐긴다. 아마도 말하기 연습을 하고 있는 것 같다.

자기 이름을 말할 줄 알고 자신의 이름을 다른 사람에게 표현할 수 있다. 예를 들면, 자기 장난감을 누가 만지려고 하면 '그건 ○○ 거야'라고 하면서 '○○가 이 놈~하고 보고 있어' 하고 말한다. 또한 형제나 다른 아이들을 저마다 다른 이름으로 부를 줄 안다. 즉 이름이라는 고유명사를 구분해서 말할 수 있게 된다는 것을 알 수 있다.

자신의 요구를 '주세요'라고 말로 표현한다. 그리고 한 가지로 만족할 수 없을 때는 '한 개 더'라든가 '한 번 더' 등의 말을 자유자재로 구사하며 자신의 욕구를 채우려고 한다. 그 모습이 너무 귀여워서 요구를 들어줄 수밖에 없는 경우가 많다.

조사를 정확하게 구분한다. 장소를 나타낼 때 '이 안에'라든가 '저쪽으로' 등 조사를 제대로 구분할 수 있고, 시간을 나타내는 말로 '지금부터', '이제 곧' 등을 말할 수 있다. 아이의 의지가 급속도로 정확해진다.

'지금'이나 '오늘' 같은 시간에 관한 단어의 의미를 이해한다. 본인도 그 표현을 사용해서 말하기도 한다. 하지만 동사의 과거형을 말할 때는 정확하지 않은 경우가 많다.

두 살 반 ~ 세 살 아이의 모습

정서와 사회성

① 다루기 어려운 경우가 많다

이 연령은 질풍노도의 시기라고 해도 좋다. 점잖게 따르는가 싶다가도 갑자기 반항을 하는 등 너무 제멋대로라서 손을 쓸 수 없는 상태가 되기도 한다. 명령에 따르다가 동시에 반대로 행동하면서도 아무렇지 않아 한다. '블록 놀이 하자'라고 말하면 '놀자' 하고 동의하다가도 금방 언제 그랬냐는 듯 '안 놀아' 하고 말한다. 어른 눈으로 보면 기가 막히는 행동들이 많다.

다시 말해서 자기 내키는 대로 마구 요구를 하는 경우가 많다. 건방진 태도로 자기 요구를 관철시키려 하고, 타이르려고 하면 버럭 화를 내며 말을 듣지 않는다. 자기 행동을 가로막는다거나 자기 물건에 간섭하려고 하면 엄청나게 화를 낸다. 화가 나면 온 몸으로 발버둥을 치고 난폭해지면서 울음을 터뜨린다. 또는 문을 쾅 닫거나 의자를 넘어뜨리는 경우도 있다.

그럴 때는 달래거나 반대로 큰 소리로 혼내도 말을 듣지 않는다. 너무 강경하게 버틸 때는 유머를 섞어 말하면 간혹 기분이 풀리는 경우가 있다.

이렇게 격한 정서의 파동은 왜 일어나는 것일까. 일반적으로 반항기라고 하는 거창한 명칭으로 부르고는 있지만, 그런 행동을 무조건 반항이라고만 볼 수는 없다. 자기 마음대로 되지 않아서 초조해 하고 안달이 난 것 같은 경향도 보인다.

아이가 짜증이나 화를 낼 때는 애써서 달래려고 하지 말고 가만히 기다리는 것이 좋다. 그러는 편이 훨씬 빨리 진정된다. 기다리지 못하고 말을 걸면 다시 화를 내는 아이도 있다. 어느 정도 시간이 지나면 이 상태는 해소된다. 하지만 무작정 아이가 원하는 것을 다 들어주면 제멋대로 구는 아이가 될 수 있으므로 주의해야 한다.

② 손가락을 훨씬 덜 빤다

아이가 손가락을 빠는 이유는 배가 고프다거나 졸릴 때, 둘 중 하나다. 만약 이 시기에 유난히 손가락을 심하게 빤다면 무언가 아이의 욕구가 채워지지 않고 있는지 신중히 살펴보아야 한다. 특히 일상생활 속에서 활동을 제한받고 있지는 않은지, 혼자 노는 시간이 많아지지는 않았는지, 동생이 태어나면서 방임되고 있지는 않은지 등의 가능성을 염두에 두어야 한다.

자기가 좋아하는 물건 예를 들면 인형이나 타월 등을 늘 가지고 다닌다. 특히 무언가 불안함을 느낄 때 아이들은 이런 행동을 보인다. 그 불안의 원인에 대해서는 생활환경을 검토해볼 필요가 있다. 손가락을 빠는 것도 마찬가지 이유에서다.

③ 공포 대상이 달라진다

이 연령 이전의 아이는 소리에 대한 공포가 심하지만, 이 나이가 되면 피부색이 다른 사람, 주름이 많은 사람, 무서운 느낌이 나는 사람 등 시각을 통한 공포를 많이 느낀다. 아빠와 엄마의 대화 속에서, 아이를 구박하는 사람이나 동물을 학대하는 사람에 관한 이야기가 나오면 강한 공포를 드러낸다.

이렇듯 공포의 대상도 정신발달과 함께 달라지고 점점 복잡해져 간다는 것을 알아두어야 한다. 특히 얼굴에 대한 느낌이 예민해지기 때문에, 지금까지 친숙했던 사람에 대해서도 갑자기 공포를 느낀다거나 해서 부모를 놀라게도 하고 걱정을 끼치기도 한다. 부모가 밤에 외출하는 것을 무서워해서 나가려고 하면 격하게 울음을 터뜨리기도 한다.

④ 자기 장난감을 빌려주지 않는다

어른 눈에는 인색하고 구두쇠로 보인다. 자기가 좋아하는 장난감을 보여주기는 하지만 빌려주지는 않는다. 그리고 본인의 장난감은 깔끔하게 정리정돈을 잘 한다. 그런 다음 다른 사람이 만지지는 않는지 한동안 지켜보기도 한다.

반면에 다른 사람이 가지고 있는 물건을 낚아채기도 한다. 또는 '빌려줘, 빌려줘' 하면서 그것을 가지려고 한다. 그런데 그렇게 얻은 물건을 가지고 놀지 않는 경우도 있다.

발달단계에 대한 지식이 없는 사람은 이런 아이의 모습을 보면 인색하고 얄밉다고 느낄 수도 있다. 혹은 욕심쟁이라고 생각할 수도 있다. 하지만 이것은 이 나이 또래 아이들의 특징이다. 자신의 소유물에 강한 의식을 갖게 되기 때문에 생기는 현상일 뿐이다. 다음 시기가 되면 자기 장난감이나 물건들을 친구들에게 선뜻 내어주기도 한다.

⑤ 어른 흉내를 내기도 하고 자랑하기도 한다

부쩍 자랑을 많이 한다. 나무 블록을 쌓기도 하고 크레용으로 추상적인 그림을 그려놓고도 본인이 만족하면 '이거 봐요, 이거 봐요!' 하면서 의기양양한 모습을 보인다.

아빠나 엄마의 물건, 예를 들면 안경, 수첩, 시계, 화장품 등을 걸치고 한껏 멋을 내며 어른 흉내를 내기도 한다. 아빠 흉내를 내며 돈을 지갑에 넣어두려고 한다거나, 그런 모습을 사람들에게 보여주려고 하기도 한다. 하지만 사람들에게 보여주는 자체만 좋아할 뿐이지 실제로 돈을 사용할 줄은 모른다.

늘 입고 있던 옷을 좋아하고 새로운 옷을 입으려고 하지 않는다.

⑥ 부모에 대한 태도가 달라진다

가족의 관심이 자신에게 쏠리도록 말을 많이 하기도 하고, 아빠와 엄마에게 어리광을 많이 부린다거나 버럭 소리를 지르고 화를 내기도 하지만, 이전보다 엄마 옆에 붙어 있으려 하거나 의지하려고 하는 모습은 훨씬 줄어든다.

엄마가 도와주려고 하면 혼자서 하겠다며 거절하기도 한다. 하지만 잠자리에 들면 부모나 다른 가족에게 자기 옆에 있어달라는 요구를 한다. 그런 다음 안심하고 잠을 청한다.

특히 흥미로운 것은, 부모의 사이가 좋으면 아빠를 자꾸 떼어놓으려는 모습을 보인다는 사실이다. 예를 들면 잠자리에 들 때나 자다가 깼을 때 엄마를 부르는데, 아빠가 와서 달래주려 하면 '이제 그만'이라고 말하는 아이가 있다. '아빠가 좋아', '엄마가 좋아'라는 말을 정확하게 하기도 하지만, 그 생각이 금방 바뀌어서 반대로 말하기도 한다.

아이가 가정 안에서 가족의 역할에 대해 조금씩 이해하기 시작한다는 것을 알 수 있다. 그렇기 때문에 보통의 가족들의 역할을 흉내내기도 한다. 다루기 어려운 시기지만, 머릿속에 가족의 역할표를 메우기 위해 정신발달이 차근차근 진행되고 있다는 것을 알아두어야 한다.

⑦ 동생들에게 질투를 많이 한다

동생을 예뻐하기는 하지만, 그것은 칭찬을 받거나 인정받기 위한 것일 뿐 정말로 동생들이 사랑스럽다고 느끼는 경우는 많지 않다. 엄마가 동생을 보살피고 예뻐해주면 종종 아기처럼 어리광을 부리기도 한다.

예를 들면 엉금엉금 기어 다닌다거나 젖병을 빨기도 하고 아기처럼 우는 소리를 낸다거나 옹알이 흉내를 내기도 한다. 혼자서 놀 때 아기 역할을 하기도 한다.

이 연령대의 아이들에게 형 노릇, 언니 노릇을 요구하는 것은 무리다. 그러기 보다는 격려하고 위로하는 마음으로 잘 보살펴주어야 한다. 젖병을 빨고 싶어 할 때는 그렇게 하도록 해주는 것이 정서적으로 안정될 수 있다. 꾸지람을 한다거나 창피를 주면 오히려 어리광을 피우며 아가처럼 구는 기간이 길어진다.

특히 인형을 가지고 놀 때는 정말 아기를 다루듯 자기 무릎에 올려놓기도 하고 우유를 주기도 하면서 정성껏 보살피는 모습을 볼 수 있다.

⑧ 친구들을 찾기 시작한다

공원이나 놀이터에 데리고 가면 아주 좋아한다. 그곳에 또래 친구들이 많이 있으면 계속 바라보면서 강렬한 흥미를 갖는다, 하지만 쉽게 친구들 틈에 끼어들지는 못한다. 그러다가 익숙해지면 다른 아이들 뒤를 따라다니기도 하고 행동을 흉내내기도 한다.

그 모습을 보고 있으면 대개는 평행 놀이가 많지만 가끔은 사이좋게 협동하면서 놀기도 한다. 또는 다른 친구가 갖고 있는 장난감이 갖고 싶으면 자기 물건을 빌려주고 빌리기도 한다.

친구가 준 장난감을 받아 들고 물끄러미 바라보기도 하고 가지고 놀기도 한다. 이런 식으로 친구들과의 관계 의식이 조금씩 발달하는 것을 알 수 있다. 특히 실내보다 밖에서 노는 편이 친구들과 오래 잘 지내는 경우가 많다.

위와 같은 경향이 보이기는 하지만 여전히 자기 장난감을 선뜻 빌려주지 않는 아이들이 많다. 더구나 과자 같은 먹을 것을 나누기란 정말 어렵다. 또한 순서를 기다리지 못하고 먼저 달려든다거나 빼앗는 등 싸움을 하기도 한다.

싸움을 가장 많이 하는 나이라고 할 수 있다. 특히 물건을 두고 벌이는 싸움이 가장 많다. 그럴 때는 주로 말싸움을 하지만 격투로 번지는 경우도 많다. 결국 약한 아이가 싸움에 져서 울게 된다. 자신이 약하다는 사실을 한 번 자각하면 상대 아이가 곁에 다가오기만 해도 울음을 터뜨리고, 반면에 강한 아이는 그것을 자각하는 순간 으스대고 잘난 척을 한다.

이런 상태를 잘 알고 있는 사람은 아이들의 싸움에 참견하지 않는다. 끝까지 지켜보다가 위험 상황이 발생하면 그제야 중재에 나선다. 만약 부모가 끼어들어서 잘했느니 못했느니 판단을 하고 경솔하게 아이를 혼내면, 혼이 난 아이는 상대 아이를 계속 미워하게 된다.

반면에 친구가 없는 아이는 공상 속에 친구를 만들고 혼자 놀면서 그 친구들과 대응하게 된다. 그러므로 싸움을 하더라도 서서히 친구를 만들 수 있도록 유도할 필요가 있다.

⑨ 혼자 노는 시간이 늘어난다

혼자서 조용히 그림책을 본다거나 장난감을 길게 늘어놓으며 노는 경우가 많다. 이전처럼 장난감을 한 개만 가지고 놀다가 다른 장난감을 보면 놀이 대상이 옮겨 가는 것은 비슷하지만, 무조건 옮겨 다니지 않고 전에 가지고 놀던 장난감을 다시 찾는 경우도 많다.

그렇게 놀면서 장난감이 방 안 가득 널려 있으면 엄마와 함께 정리도 할 수 있게 된다.

노래 몇 곡을 중간 중간 흥얼거리기도 하고 전체를 외워서 부를 수도 있다.

⑩ 산책을 나가서 혼자 걷는다

산책을 데리고 나가면 앞서거니 뒤서거니 하기도 하고, 뛰어가거나 느릿느릿 걸으면서 최대한 엄마 손에서 벗어나려고 한다. 자주 다니는 길을 기억하고 그 길을 통해서만 목적지로 가자고 고집을 부리기도 한다.

쇼핑을 함께 가면 깨지기 쉬운 물건이라도 들고 있을 수 있고, 짧은 거리인 경우에는 들고 걸어갈 수도 있다.

⑪ 남자와 여자의 차이를 알기 시작한다

남자 아이는 자신과 아빠는 같은 동성이고, 엄마나 여자 형제는 다른 존재라는 것을 알게 된다. 여자 아이는 그 반대를 알게 된다.

'남자야?', '여자야?' 같은 질문을 하면 처음에는 남자 아이 같은 경우는 '나, 여자 아니야' 하면서 이성을 부정하는 말투를 보인다. 여자 아이도 '나, 남자 아니야'라는 식으로 말한다.

남자 아이와 아빠는 돌출되어 있는 생식기를 가지고 있어서 소변을 볼 때 서 있는 자세를 취하지만, 여자 아이와 다르다는 것을 알게 된다. 또한 엄마의 유방이 큰 것을 이상하게 생각해서 왜 그런지 물어보기도 한다. 옷을 벗을 때 자신의 생식기를 의식하고 만져보기도 한다.

이런 사실을 이해하고 있으면, 남자든 여자든 아이가 부모의 신체 일부를 물끄러미 바라보고 있는 경우가 있어도 크게 걱정할 필요가 없다. 또한 옷을 벗었을 때 생식기를 만지작거려도 그 행동이 특별한 의미가 있다고 생각하지 않아도 된다. '거기는 소중한 곳이니까 깨끗한 손으로 만져야 해' 하고 주의를 주는 정도면 충분하다. 만약 그것을 성적인 행동처럼 여기면서 혼을 내거나 하면 아이 마음에 상처를 입을 수도 있다.

생활습관

① 수면

{ 낮잠 }

자기가 알아서 낮잠을 자는 아이가 있다. 그런 경우라도 이불 속에서 잠깐 놀다가 잠이 든다. 대부분은 한 시간 정도 낮잠을 잔다. 잠에서 깨면 기분이 좋지 않아서 울기도 한다. 혹은 저녁 시간에 잠이 들어서 밤 11시쯤 깨기도 한다. 낮잠은 그날의 활동에 따라 좌우되는 경우가 많다.

낮잠을 너무 오래 자면 밤늦게까지 깨어 있다. 그러므로 낮잠도 잘 연구를 해야 할 필요가 있다. 물론 낮잠을 아예 자지 않는 아이도 있다.

{ 밤 수면 }

잘 때 장난감이나 그림책을 이불 속으로 가지고 들어간다. 그리고 책을 읽어 달라고 하기도 하고 혼자서 노래를 부르거나 혼잣말을 하기도 한다. 잠자리에 들어갈 때까지의 순서를 중요하게 여기며, 장난감이 부족하면 가지러 가기도 한다.

12시간씩 자는 아이들이 많은데, 이는 모두 개인차다.

{ 밤중 }

'쉬~' 하면서 일어나기도 하고 '목말라' 하면서 일어나기도 한다. 간혹 울면서 깨기도 한다.

{ 아침 기상 }

보통 8시 반~9시에 일어나지만, 각 가정마다 다르다. 아침에 일찍 눈을 뜨더라도 가족들 모두가 일어날 때까지 조용히 혼자서 노는 아이들이 많다.

② 식사

식욕이 불규칙해진다. 그리고 식사보다 간식을 더 좋아하며 과자류를 먹고 싶어 한다.

아이의 요구를 이기지 못하고 무조건 달라는 대로 주면 식욕은 점점 더 감퇴한다. 간혹 식사량과 과자의 양이 뒤바뀌는 경우도 있다. 그러므로 식사와 간식의 균형을 고려하여 시간을 정확하게 정해두고 그때만 과자를 주도록 해야 한다.

식단 배합을 어른과 똑같이 하려는 아이가 있다. 하지만 일반적으로는 자기가 좋아하는 음식부터 먼저 먹으며, 야채나 생선, 고기를 싫어하기도 한다. 싫어하는 음식은 남기려고 한다. 예전에는 좋아했던 식품이나 조리 방법을 싫어하게 되기도 한다. 그리고 좋아하는 식품은 자기 스스로 먹지만 싫어하는 음식은 엄마가 먹여 주어야 먹는다. 너무 싫으면 고개를 돌린다거나 핑계를 대며 먹지 않으려고 한다.

이때 부모가 어떤 태도를 보이느냐에 따라 편식이 심해지기도 하고 나아지기도 한다. 가족들이 맛있게 먹으면서 한 숟가락이라도 먹어보도록 권유하면 점점 아이도 좋아하게 된다. 가족 중에 편식이 심한 사람이 있다거나 아이가 원하는 대로 모두 들어주는 태도를 보이면 아이의 편식은 심해질 수밖에 없다. 이 시기는 편식이 생기느냐 아니냐를 결정짓는 중요한 시기임을 염두에 두어야 한다.

혼자 식사를 하면 처음부터 끝까지 스스로 먹지만, 가족이 있으면 처음에는 혼자서 먹다가 나중에 '먹여 줘'라고 요구하기도 한다. 이 행동에 대해서는 어느 정도 요구를 들어주면서 서서히 자립하게 할 수 있는 연구가 필요하다. 개중에는 그릇 위치와 자기 자리에 집착하는 아이도 있다. 부모 입장에서는 번거롭고 성가실지 모르지만 자아 발달의 표현이므로 신중하게 대응해야 한다.

③ 대소변

{ 대변 }

하루에 한두 번 정도 배변을 하기도 하고, 변비 때문에 이틀 정도에 한 번 꼴로 배변을 하는 아이도 있다. 배변으로 실수를 하는 일은 거의 없어진다. 대변을 '조금만 참아'라고 하면 짧은 시간 정도는 참을 수 있다. 화장실을 혼자서 가고 싶어 한다.

{ 소변 }

대부분은 바지를 혼자 내리고 혼자서 소변을 본다. 그럴 때는 엄마에게 '나, 쉬' 하면서 정확히 말을 한다. 하지만 집 이외의 낯선 장소에서는 소변을 잘 보지 못한다.

예를 들면 역 화장실이나 백화점 화장실 등에서는, 혼자서 소변을 볼 수 있거나 '나, 쉬'라고 말할 수 있는 아이라도 배뇨에 어려움을 겪는다. 이럴 때 부모가 당황하거나 난처해 하면 아이는 더욱 배뇨를 힘들어 한다. 그러다보면 결국 실수를 하게 되기도 하지만, 이런 경우를 제외하고는 낮 시간에 실수를 하는 일은 거의 없다.

간혹 소변을 흘린다거나 바지를 입은 채로 소변을 보는 아이도 있는데, 이런 경우에는 신체 접촉이 너무 적지는 않은지, 강압적이지는 않은지 살펴볼 필요가 있다.

소변을 볼 때 남자 아이와 여자 아이의 자세가 다른 것에 흥미를 보이고, 소변을 보는 옆에서 물끄러미 바라보기도 한다.

④ 옷 입고 벗기

옷을 정해진 곳에 놓는다. 밤에는 머리맡에, 점심때는 정해진 바구니나 서랍에 넣는다. 스스로 옷을 입기 시작한다. 바지, 셔츠, 재킷, 양말을 순서에 따라 전부 스스로 입을 수 있다. 그러므로 옷을 두는 장소나 바구니를 확실하게 준비해둘 필요가 있다. 동작이 느리니 혹시나 감기에 걸릴까봐 도와주려는 마음은 이해하지만, 아이가 스스로 하도록 지켜보는 것이 자립심을 키우는 데도 도움이 된다.

이 시기에 부모의 도움을 너무 많이 받은 아이는 의존적이 되기 때문에, 나중에 커서 무언가를 하려고 해도 혼자서는 아무것도 하지 못하게 된다. 조부모나 어른들이 많은 가정의 아이들이 이런 경향을 주로 보인다.

이 시기에는 옷을 벗는 것도 재미있어 하기 때문에 어떤 옷이든 잘 벗는다. 이때도 최대한 혼자 하도록 지켜보는 것이 좋다. 다만 스스로 하려고 하는 반면, 옷 갈아입는 것을 도와주기 바라는 경우도 있다.

도움을 청할 때는 도와주는 것도 좋지만 스스로 할 수 있는 힘을 키워주는 시기이므로 이왕이면 '이제 혼자서도 잘 할 수 있지?' 하면서 아이의 능력을 인정하고 칭찬해주는 말을 해주는 것이 좋다.

⑤ 위생 습관

목욕을 제법 즐거워 하게 된다. 장난감을 가지고 노는 재미때문에 그렇기도 하지만, 혼자서 목욕하기를 즐기는 경향도 보인다. 물론 제대로 하지는 못한다. 손을 씻을 때는 손바닥을 비비면서 씻지만, 손등까지 씻지는 못한다. 그러다보니 덜 씻기는 부분이 많다.

더러운 부분이 남아 있다고 해서 나무라거나 하지 말고, 그 부분을 알려주어서 스스로 씻을 수 있도록 지도해주는 것이 좋다.

손을 씻으면서 장난치기를 시작한다. 수도꼭지나 호스 또는 다른 부분에 관심을 갖고 이것저것 만져본다. 그러다보면 물이 튀어서 옷소매나 옷 앞부분이 젖기도 한다. 이 또한 이 시기에만 잠시 나타나는 현상이라고 할 수 있다.

이동, 운동, 감각

① 운동

느릿느릿 걷다가 갑자기 뛰기도 하고, 그 동작을 번갈아가며 능숙하게 할 수 있다. 발 앞꿈치(뒤꿈치가 닿지 않도록)로 걸을 수 있다. 한쪽 발로 서보려고 하지만 금방 넘어져 버린다. 양발을 모으고 콩콩 점프를 할 수 있다. 음악에 맞추어 달리기도 하고 뛰어오르기도 하고 몸을 흔들기도 한다.

② 감각과 손 운동

블록 놀이를 자주 한다. 특히 기차를 만들어서 놀기를 좋아한다. 블록을 가로로 길게 늘어뜨려서 기차를 자주 만드는데 거기에 굴뚝도 만든다. 블록으로 좌우대칭 장난감을 만들기도 하고, 탑을 만들 경우에는 8개 정도를 겹쳐서 쌓는다. 또한 색깔이 있는 블록이나 큰 블록을 좋아한다.

색깔이 있는 블록의 경우에는 색깔을 맞추어서 가지고 논다.

이렇게 보면 블록은 아이들이 가장 많이 가지고 노는 장난감일 뿐 아니라 영속적이라는 것을 알 수 있다. 블록은 다양한 사이즈로 준비해주는 것이 좋다.

크레용을 손가락으로 쥐고 그림을 그릴 수 있다. 어른 흉내를 내며 수평하게 선을 긋기도 하고 십자 모양을 그리기도 한다.

또한 무엇을 그리겠다는 목표가 생겨서 '자동차 그려야지'라든가 '아빠 그려야지' 같은 말을 하면서 그린다. 거기에 색을 칠하면서 공간을 매우기도 하는데, 종종 색칠이 종이 밖으로 삐져나와서 책상에 묻기도 한다.

동물이나 탈 것이 나와 있는 책을 좋아한다. 거기에 그려져 있는 것을 손으로 집어 올리는 흉내를 하기도 한다. 점토로 과자를 만들어서 놀기도 한다. 비눗방울을 불 수도 있다.

언어

■

어휘 수가 급속도로 증가한다. 유창하게 문장으로 말을 하고, 놀면서도 끊임없이 무슨 말인가를 한다. 대화를 할 때 같은 말을 반복하는 경우가 많아진다. 어쨌든 어휘 연습을 끝없이 하고 있는 것처럼 보인다.

좋아하는 그림책이나 이야기 또는 엄마가 들려주는 동화를 계속해서 듣고 싶어 한다. 같은 이야기를 반복해서 들려주어도 아무 문제가 없다. 어른들은 같은 이야기를 자꾸 들으면 지루해하지만,

아이들은 그렇게 해도 전혀 지장이 없다. 이 시기에 아이들에게 이야기를 많이 들려주는 것은 매우 중요하다. 개중에는 내용을 외워서 말하는 아이가 있는가 하면 아직 그림책에 흥미를 갖지 못하는 아이도 있다.

자기 성과 이름을 말할 수 있게 된다. 이름과 자신을 연결 짓는다. 사람의 성별을 구별하게 되고, 어른에게는 '남자', '여자'라고 말할 수도 있게 된다. 아이들은 '남자 아이', '여자 아이'라고 부른다.

숫자를 나타내는 표현을 할 수 있다. 어른이 두 개의 숫자를 말하면 그것을 따라한다. '한 개', '두 개', '많이'라고 말할 수 있다. 하지만 이것은 표현에 불과할 뿐 숫자 그 자체와 연결 짓지는 못한다. 즉 숫자를 나타내는 어휘가 존재한다는 사실을 알게 되었다는 의미일 뿐이다.

시간을 나타내는 어휘가 상당히 많아진다. '다 했으면 이제 놀자'라거나 '이제 시간 다 됐네'라고 하면 그 말을 이해하고, '오늘', '아침', '오후' 등 현재를 나타내는 말을 구사한다. 조금 시간이 지나면 '언젠가', '내일', '나중에'처럼 미래를 표현하는 말도 이해하게 된다. '어젯밤' 등 과거를 표현할 수도 있다.

요일 이름을 몇 개 정도 외우기는 하지만 정확하게 사용하지는 못한다. 장소를 나타내는 어휘로는 '이 밑에', '이 주변에' 등을 사용하여 위치를 나타낼 수 있다. 또한 '엄마는 어디 계시니?'라고 물으면 '집'이라고 대답하기도 하고, '아빠는?' 하고 물으면 '회사'라고 답한다.

'안녕하세요', '안녕', '감사합니다' 등 인사말을 할 수도 있다.

이 시기에는 어떤 경우에 '감사합니다'라고 말해야 좋은지, 특히 어른들의 대화를 들으면서 장면을 기억하게 된다.

간혹 아이들 중에 유아어 습관이 남아 있거나 말을 더듬는 아이가 있어서 걱정을 하는 어른들이 있다. 하지만 두 가지 모두 크게 걱정할 일은 아니고 일시적일 경우가 많다.

초조한 마음에 억지로 교정을 하려고 하지 말고, 아이들의 발달 과정을 지켜보는 것이 좋다. 단 어른들이 먼저 올바른 어휘를 사용할 필요가 있다.

또한 지금까지 정확하게 말을 잘하던 아이가 어느 날 갑자기 유아어를 사용하기도 한다. 동생이 태어났다거나 엄마가 동생을 더 많이 챙길 때 그런 경우가 발생한다. 아이와 평소에 신체 접촉을 많이 해주는 것이 좋다.

이상은 두 살부터 세 살까지 아이의 발달 모습에 대한 내용이었다. 엄마와 아빠들은 이 내용을 읽고 어떤 생각이 드는가? 아이들의 이런 모습들은 '자발성'이 순조롭게 발달하고 있으며, '의욕'을 충분히 표출하는 '좋은 아이'의 모습이므로, 부모들은 자신들이 얼마나 잘못된 생각을 하고 있었는지 반성하게 되지는 않았을까.

이 나이 또래의 아이를 둔 엄마와 아빠들은 우리 아이가 '나쁜 아이'인 줄 알았는데 '좋은 아이'였다는 사실에 안도의 숨을 쉬게 되지는 않았을까.

이미 초등학생이 된 아이들의 부모는 과거에 '나쁜 아이'라며 혼내고 꾸지람을 했던 것에 미안한 마음이 들었을 수도 있다. 그리고 현재 '의욕'을 잃어버린 아이를 보며 어떻게 하면 좋을까 고민하고 있을 지도 모른다. 아이는 천성적으로 '의욕'이라는 것을 갖추고 태어났으므로 얼마든지 회복시킬 방법은 있다.

그 전에 두 살 무렵에 엄마와 아빠를 걱정하게 했던 아이도 세 살이 되면 달라진다는 것을 소개하고자 한다.

세 살 ~ 세 살 반 아이의 모습

정서와 사회성

① 많이 침착해진다

두 살 반~세 살 시기의 폭풍 같은 정서의 움직임은, 이 나이가 되면서 조금씩 침착해지기 시작한다. 울며 보챈다거나 마구 화를 내는 일도 조금 줄어든다. 물론 자기가 무언가를 하려고 계획했는데 간섭을 받은 경우나 누가 자기 물건에 손을 대려고 하면 화를 낸다. 그러나 짜증이 많이 줄어들고 고집을 부리다가도 말로 설명을 하면 납득하는 경우도 많다. 단 설명을 할 때는 최대한 상냥하고 부드럽게 해야 한다.

심부름이나 지시를 얌전히 잘 따른다. '정리하자'고 하면 가지고 놀던 장난감을 정리하기도 한다. 갑자기 순하고 얌전해졌다는 느낌이 들기도 하고 부쩍 성장했다는 것을 느끼게 된다.

사람들이 좋아하는 일을 스스로 하게 된다. 자발적으로 엄마의 집안일을 도와준다. 상대가 기뻐한다거나 감사의 마음을 전해오면 큰 동기부여가 되어 더욱 열심히 도와주려고 한다. 하지만 아직 손이 야무지지 않기 때문에 도와준 결과가 반드시 좋다고는 할 수 없다.

그렇더라도 나무라지 말고 점점 좋아질 수 있도록 격려하고 칭찬해주는 것이 중요하다.

② 일상 생활습관을 익힌다

부모의 지시를 잘 따르게 되고 생활습관도 익혀 나간다. 다양한 약속을 할 수 있다. 예를 들면 친구들과 놀고 난 후에는 정리를 한다거나, 누군가에게 도움을 받았을 때는 고맙다는 인사를 한다거나 하는 약속을 하면 최대한 지키려고 노력한다.

하지만 부모가 너무 성급하면 아무래도 아이를 혼내게 되는 상황이 많아질 수밖에 없다. 그러다 보면 아이가 약속하는 것을 싫어하게 될 수도 있으므로 주의해야 한다. 어쨌든 한 걸음 한 걸음 여유를 갖고 지도할 필요가 있다.

이 시기는 칭찬을 받는다거나 혼나는 일에 민감해지기 때문에, 혼내거나 칭찬을 할 때 신중하게 고민한 다음 행동에 옮겨야 한다.

③ 손가락을 거의 빨지 않는다

졸릴 때만 손가락을 빤다. 잠이 들 때는 손가락을 빨다가도 잠이 들면 입에서 손이 빠지고 그 상태로 계속 잔다. 그렇게 아침까지 자는 아이도 있지만, 중간에 깨면 다시 손가락을 입에 물기도 한다.

④ 아이가 걱정이 될 때도 있다

예를 들면 아이가 블록으로 만든 집이나 창고 등을 보고 손뼉을 치며 좋아하면서 '잘했죠?' 하고 자랑을 하기도 하고 칭찬을 받고 싶어 하지만, 금방 잊어버린다. 건망증이 있는 것은 아닌지, 집중력이 부족하지는 않은지 걱정하는 엄마들도 있는데, 그럴 수 있는 시기다.

혼자서는 못한다고 설명을 해도 굳이 혼자 하려고 한다. 고집불통이라고 걱정하기 쉽지만 오히려 자주성이 순조롭게 발달하고 있다고 생각해야 한다. 그런 경향을 보이는 아이도 있는 반면, 충분히 혼자 할 수 있는데도 부모나 어른의 도움을 청하기도 한다. '이제는 혼자서도 할 수 있지?' 하고 말해도 쭈뼛거린다. 특히 엄마를 대할 때 그런 경향이 강해진다. 그것은 엄마와의 정서적 연결고리가 형성되어 있기 때문이다.

⑤ 아빠보다 엄마를 좋아한다

'아빠랑 엄마 중에 누가 더 좋아?'라고 물으면 난처해 하는 아이도 있지만, 대부분은 망설이지 않고 엄마가 좋다고 대답한다. 엄마에게 잘 협조하고 도와준다. 엄마에게 '나 아기였을 때는 어땠어?'라고 물으면서 아기 때 이야기 듣는 것을 좋아한다.

쇼핑을 갈 때 엄마 따라다니기를 좋아한다. 엄마의 즐거움이 더욱 커지고 아이가 가장 사랑스러워지는 시기다.

밤에 아빠와 엄마 방에 들어오려고 한다. 깊은 잠을 잘 수 있게 해주자.

⑥ 형제들과 적극적인 밀착이 생긴다

짧은 시간이지만 형이나 누나와 사이좋게 논다. 특히 형이나 누나가 잘해주면 기분이 좋아져서 시키는 대로 잘한다.

소꿉놀이를 하면 아기 역할을 하기도 한다. 그러나 가끔씩 형이나 누나에게 심술을 부리고 장난감을 던져버리는 바람에 형과 누나를 울리기도 한다.

이런 경우에는 가만히 지켜보고 있거나 두 아이를 모두 무릎에 앉히거나 안아주면 좋다.

수시로 싸우면서도 점점 사이가 좋아질 것이다. 누가 더 잘하고 잘못했는지 판결을 내리려고 하면 오히려 사이가 나빠진다.

아기에게 흥미를 갖게 되고, 우리 집에도 아기가 있었으면 좋겠다고 한다. 아기가 태어나면 흥미를 보이며 가만히 쳐다보기도 하고 만져보기도 한다. '우리 집에 아기 있다' 자랑을 하기도 한다. 하지만 진정으로 보살피고 사랑해주는 것은 아직 무리다.

'이제 형이네'라고 하면 어깨가 으쓱해지기도 하지만, 오히려 귀찮아하는 아이도 있다. 엄마가 아기만 보살핀다는 생각이 들면 강한 질투심을 표출하는 경우가 많다.

⑦ 좋아하는 친구가 생긴다

좋아하는 친구가 생기고 집을 서로 왔다 갔다 한다. 그 친구와 30분 정도는 사이좋게 논다.

그 친구에게 장난감을 선뜻 빌려주고 신경 쓰지 않는다. 자기 물건을 친구에게 나누어줄 수도 있고 장난감을 서로 바꾸어 가지고 놀기도 한다. 단, 자기 옷을 빌려주기는 싫어한다.

순서를 지킬 수 있고 미끄럼틀 등의 놀이 기구를 탈 때도 차례를 지키며 번갈아 탈 수 있다.

물론 싸우기도 한다. 그때 손을 사용하여 서로 때리기도 하지만, 대부분은 말싸움으로 끝난다. 혹은 말싸움을 하다가도 그것을 해결할 수 있다.

교우관계가 부쩍 진전되고 있다는 것을 알 수 있다.그러므로 이 연령의 아이들에게는 친구를 만들어줄 필요가 있다. 유치원은 그 목적에 아주 유효하다. 선생님의 지시에 따라 자기보다 어린 아이들이나 내성적인 친구들을 도와주고 보살필 수 있다.

⑧ 놀이가 발전한다

모방 놀이가 부쩍 증가한다. 친구 여러 명과 기차 놀이, 가족 놀이, 가게 주인 놀이 등을 하고, 동물 흉내를 내며 놀기를 좋아한다. 목수나 페인트 칠 하는 사람들을 열심히 바라보기도 하고, 자전거나 자동차 수리 장면 구경을 좋아한다. 집에 돌아오면 그 흉내를 내면서 논다. 사회 현상에 흥미를 나타내기 시작했다는 증거다.

역이나 동물원을 좋아하고 차를 타면 안에서 바깥 풍경을 바라보는 것을 좋아한다.

⑨ 유치원에 간다

유치원에 가고 싶어 한다. 그리고 선생님이 말을 걸거나 심부름을 시키면 매우 기뻐한다. 마음이 내키지 않더라도 선생님이 차근차근 이유를 설명하면서 부탁을 하면 심부름을 할 수 있다.

이때 '여기와 여기를 조심하렴' 하고 지도 하면 그 이야기를 귀 기울여 듣는다. 하지만 곤란하다고 해서 선생님의 도움을 청하지는 않는다. 그러다 보면 화장실 갈 타이밍을 맞추지 못해서 바지에 소변을 보기도 한다.

선생님이 '이런 행동은 해서는 안 돼'라고 말하면 그 이후로는 하지 않는 경우가 많다. 착한 아이가 되려는 마음이 상당히 강해진다. 그런 만큼 금지사항은 최대한 줄여나가야 한다.

다른 아이들과 함께 노래를 부르기도 하고 리듬 놀이를 하며 즐거워한다. 쉬운 노래는 처음부터 끝까지 부를 수 있다. 하지만 음정이 정확하지 않는 경우가 종종 있다.

노래 부르기를 즐거워하는 연령이므로 잘하고 못하고는 따지지 않는 편이 좋다. 다만 정확한 노래를 들려줄 필요는 있다.

⑩ 돈에 흥미를 보인다

돈이라는 것을 알고 그것을 손에 넣으면 좋아한다. 하지만 진짜 돈이 아닌 장난감 돈을 받아도 좋아한다. 돈은 물건을 살 때 사용한다는 것을 알고 돈을 써보고 싶어 한다.

동전 등을 가게 주인이나 운전기사에게 건네기도 하고, 돈을 내고 무언가를 산다는 행위 자체에 흥미를 갖는다. 또한 돈을 저금통에 넣는 것에도 흥미를 보인다.

⑪ 성별에 대해 인식하기 시작한다

자신의 성별에 대한 질문을 받으면 '나는 남자 아이야' 하고 본인의 성을 긍정적으로 대답한다. 아빠 혹은 엄마와 결혼을 하고 싶다고 말하는 등 어느 성별과도 결혼할 수 있다고 생각한다.

'아가는 어디서 와?' 하고 질문하기 시작한다. 엄마 뱃속에서 아기가 자란다고 설명을 해도 그 말을 이해할 수 없다.

엄마의 젖을 쳐다보기도 하고 만져보기도 한다. 엄마가 '너는 이제 컸으니까 안 돼'라고 말해도 끈질기게 요구하기도 한다.

⑫ 귀에 익은 유머를 즐긴다

아빠나 엄마의 유머를 이해할 뿐만 아니라, 일상생활 속에서 유머를 들으면 좋아하고 웃으면서 자꾸 들려달라고 재촉한다. 그렇기 때문에 집안에는 유머가 필요하다.

이상 세 살 반까지의 정서 발달과 사회성 발달을 살펴보았다. 각각의 연령 단계마다 아이들의 모습에 특색이 있다는 것을 알게 되었으리라 믿는다. 아이의 발달을 무시한 채 무턱대고 아이를 혼내지 않도록 조심해야 한다.

생활습관

■

① 수면

{ 낮잠 }

낮잠 시간이 한두 시간으로 줄어들게 된다. 물론 낮잠을 자지 않는 아이도 있고, 수면 시간에는 개인차가 크다. 가끔은 오랜 시간 낮잠을 자기도 한다. 아이들은 대부분 숙면을 한다.

낮잠을 자다가 깨도 칭얼거리는 일이 점점 없어진다. 개중에는 멍한 얼굴 표정을 지으며 막 꿈에서 깨어난 것 같은 모습을 보이는 아이도 있다.

잠자리에 들 때 인형이나 좋아하는 장난감을 가지고 오는 아이가 있는데, 이전만큼 잠들기까지의 자잘한 순서에 연연하지 않게 된다. 뿐만 아니라 잠투정도 많이 줄어든다.

흥미로운 것은, 엄마가 곁에 있을 때보다 다른 사람이 옆에 있을 때 더 잘 자는 경우가 종종 있다. 하지만 밤중에 깨서는 엄마 방으로 찾아가기도 한다.

잠자리에 든 다음 혼자서 부스럭거리기도 하고 혼잣말을 하기도 한다. 가만히 들어보면 친구들과 놀면서 나누었던 이야기라든가, 장난감을 어떻게 가지고 놀 것인가 하는 계획 등이다.

밤 10시쯤 자다가 깬다거나 꿈을 꾸는 경우도 많고, 갑자기 울다가 웃다가 소리를 지르기도 한다. 집안을 빙글빙글 돌아다니는 아이도 있다. 모든 것이 잠꼬대다. 집안을 돌아다니는 증상이 지속될 때는 뇌파 검사를 해볼 필요가 있지만, 한두 달 정도 가만히 지켜보는 것도 괜찮다.

{ 아침 }

보통은 6~7시 사이에 눈을 뜨는데 물론 부모님 직업에 따라 다르다. 잠이 깨면 울기부터 한다거나 언짢아하는 경우도 많다. 그리고 '일으켜줘!', '안아줘!' 하면서 어리광을 부리기도 한다.

아이들이 이런 행동을 보이는 원인은 정확하지 않다. 친절하게 잘 대응하면 어느 사이엔가 이런 현상이 사라진다.

② 식사

식욕이 부쩍 왕성해진다. 그것은 운동량과도 관계가 있다. 엄마가 강제적으로 먹이려고 하면 저항한다. 하루 중 식욕이 갑자기 변하지는 않지만, 가끔 아침과 저녁에 식욕이 왕성해질 때가 있다.

우유를 즐겨 먹는다. 지금까지 먹었던 것보다 많이 마신다. 엄마가 식사 준비를 하고 있을 때 자신이 먹고 싶은 것을 '만들어줘!'라고 요구한다. 하지만 점점 좋고 싫고를 말하지 않게 된다.

이 행동들은 신체 발육이 왕성해지고 있는 것도 하나의 원인이 될 수 있지만, 운동량이 늘어난 것도 원인이다. 따라서 운동량이 적은 아이는 식욕도 줄어든다. 운동과 활동의 기회 또는 장소를 많이 제공해주는 것이 좋다. 그동안 편식이 심했다면 이 시기에 고치는 것이 좋다. 아이의 요구를 들어주면서 동시에 '먹기 싫어도 한 입만 먹어보자' 하고 권하는 방법이 효과적이다.

손놀림이 정교해져서 흘리지 않고 혼자서도 잘 먹을 수 있게 된다. 숟가락 사용이 능숙해져서 엄지와 검지 사이에 잘 쥐기도 하고 또는 손바닥을 안쪽으로 향하게 해서 숟가락질을 할 수도 있다. 음식을 잘 뜰 수 있고, 숟가락 옆쪽이나 앞쪽으로도 입에 잘 가져가고 잘 먹을 수 있다.

그릇을 한 손에 들 수 있고, 주전자의 물을 컵에 따를 수 있다. 주먹밥 등 손으로 들고 먹는 음식을 좋아한다. 식사를 혼자 할 수 있게 된다. 이 시기에도 혼자서 식사를 하지 못하는 아이가 있다면 부모가 과보호로 양육했다는 증거다.

반면에 혼자서 식사를 할 때는 잘하다가도 가족이나 다른 사람들과 함께 먹을 때는 쏟거나 흘리기도 한다. 다시 말해서 주의를 기울이지 않으면 실수를 하는 경우가 생긴다는 뜻이다.

간혹 느릿느릿 천천히 끝까지 식사를 하는 아이도 있는데 특히 유치원이나 보육원에서 그런 아이들을 볼 수 있다.

③ 대소변

{ 대변 }

하루에 한두 번, 아침 식사 후와 저녁 식사 후에 배변을 하는 경우가 많다. 변비 증상을 보이는 아이도 있다. 너무 걱정할 필요는 없다. 배변이 끝나면 '엄마!' 하고 불러서 옷 정리를 요청한다.

{ 소변 }

소변을 참는다. 화장실에 가지 않고 참으려는 경향이 있다. 그러다보면 가끔 바지에 소변을 보기도 하지만, 낮 시간에는 소변 간격이 길기 때문에 크게 걱정하지 않아도 된다.

밤에는 보통 혼자 일어나서 '쉬~' 하고 엄마나 아빠를 깨워서 화장실에 간다. 아이들 대부분이 밤에 소변을 보지 않고 계속 자는데, 매일 밤마다 일어나서 소변을 보는 아이도 있다. 실수를 하면 옷을 갈아입혀 달라고 요구한다. 이 시기가 지나서도 옷에 소변을 보면 야뇨증이라고 하는데, 그 또한 개인차가 있을 뿐 아니라 일주일에 한두 번 또는 한 달에 한두 번 실수하는 정도는 걱정하지 않아도 된다.

남자와 여자는 소변보는 자세가 다르다는 것을 알게 되고 그것을 이상히 여겨 질문을 한다. 여자 아이들 중에는 서서 소변을 보려다가 실수를 하는 경우도 있다.

④ 옷 입고 벗기

옷 벗는 동작이 능숙해진다. 그러므로 아이 스스로 벗도록 맡길 수 있다. 스웨터나 재킷을 혼자 입을 수 있고, 손이 닿는 곳의 단추를 혼자서 끄를 수 있는 아이도 많다.

양말, 바지를 혼자서 벗을 수 있다. 하지만 바지 앞뒤를 바꿔 입는다거나 양말 안팎을 뒤집어 입기도 한다.

이렇게 혼자 옷을 입을 수 있어도 '해 줘!' 하면서 스스로 하지 않으려는 경우도 있다. 이럴 때 스스로 하도록 해야 하는지 도와주어야 하는지 고민하게 되는데, 최대한 도와주면서 혼자 할 수 있도록 유도하는 것이 좋다.

문제없는 아이야말로 문제

세 살이 되면 두 살 때와는 현격히 다르게 차분하고 점잖은 모습을 보이기 때문에 엄마나 아빠가 훨씬 수월해진다.

이것이 미국의 아동심리학자인 아널드 게젤Arnold Lucius Gesell이 말한 '오른쪽으로 치우친 상태'다. 그러므로 다시 왼쪽으로 치우칠 것을 각오해야 한다. 학자들 중에는 심지어 아무 문제없이 직진 상태로 발달해가는 아이가 진짜 문제라고 말하는 사람도 있다.

이처럼 아이의 발달단계에 있어서 좌우로 치우치고 흔들리는 과정이 필수적이라는 사실을 알고 있으면 엄마와 아빠는 안심할 수 있지 않을까. 그것을 모르고 무조건 아이를 혼내고 회초리를 들었던 자신을 반성하고 아이에게 미안해 하는 사람도 있을 것이다.

아이가 발달해가는 모습을 충분히 공부해두면 아이를 혼내지 않을 수 있다. 부모는 아이를 교육하는 입장이므로, 부디 발달 과정에 관한 공부를 많이 하기 바란다.

그런 공부도 하지 않고 '나쁜 아이'라고 비난하고 혼을 낸 탓에 아이 마음에 큰 상처를 입고 인격형성에도 타격을 주어 문제아로 자란 사례들이 부지기수다.

지금까지 두 살에서 세 살까지의 아이들이 성장해가는 모습을 살펴보았다. 개인 성향에 따라 특이점이 있을 수도 있고 짧은 글로 아이들의 모든 것을 설명할 수는 없지만, 아이를 혼내기 전 한 번쯤 되새겨 본다면 아이를 훈육하는 데 도움이 될 것이다.

정말 문제일까?

문제라고 생각했던 아이의 행동은 무엇이 있었나요?

정말 그것이 문제였을까요?

제 3 장

'혼내지 않는 교육'의 권유

착한 아이, 나쁜 아이의 기준

정말 온순한 아이란

나는 45년에 걸쳐서 아이들과 온몸으로 부딪치며 연구를 계속해 왔다. 그 결과 '의욕' 즉 '무언가를 하고자 하는 마음'을 길러주면 멋지고 훌륭한 청년으로 자란다는 결론을 얻을 수 있었다.

온몸으로 부딪친다는 것은 아이들과 즐겁게 놀면서 생활을 함께한다는 뜻이다. 아이들과 '놀이'와 '생활'을 하면서 나는 많은 것을 배운다. 책상 앞에 앉아 있기만 했다면 배울 수 없었던 것들을 몸소 배웠으니, 아동 연구가로서 이 보다 행복한 일이 또 있을까. 옛날부터 전해져오는 말 중에 '아이에게서 배우라'라는 말이 있는데, 그것이 내 삶에 실현된 것이다.

노년기에 들어선 나는 많은 아이들과 즐겁게 놀 기회가 줄어들었다. 왜냐하면 이제 예전처럼 달릴 수가 없기 때문이다. 아이들은 늘 달리고 또 달리는 존재라고 해도 과언이 아니다. 아이들과 어울리려면 함께 달려야 하는데 이제 더는 그럴 수 없게 된 것이다. 그것이 조금 아쉽다.

하지만 다행히 손주가 여덟 명이나 있고, 가까이서 다양한 활동을 하고 있다. 중학교 3학년짜리를 필두로 하여 초등학교 2학년짜리까지, 손주 녀석들의 나이가 다양해서 각각의 연령대에 맞는 모습들을 보여주고 있다. 나는 손주들을 나무라거나 혼내지 않기 때문에, 녀석들은 내 앞에서 있는 그대로의 모습을 보여준다. 있는 그대로의 마음이나 모습을 표현하는 아이들을 나는 '순수한 아이'라고 부른다. 자신의 마음에 거짓말을 하지 않기 때문이다.

그런 점으로 볼 때, 보통 부모들은 자기 말을 잘 따르는 아이를 '순수한 아이'라고 생각할지 모르겠지만, 그런 아이들 중에는 자신의 마음에 거짓말을 하고 있는 경우가 생각보다 많을 것이다.

늘 혼나는 아이는 거짓말쟁이가 되어버린다. 그 아이들은 사춘기가 되면 늘 고민에 싸여 있고 문제를 일으키기 쉽다. 진짜 자신과 거짓말을 하는 자신 사이에 존재하는 간극을 느끼면서 힘들어하고 갈등하기 때문이리라. 그렇게 볼 때 손주들이 내 앞에서 거짓 없이 행동하는 것은, 아이들의 행동이 가끔씩 나를 곤혹스럽게 하기는 하지만, 그래도 참 기쁜 일이다.

나 역시도 난감하거나 곤혹스러울 때는 나무라기보다 '할아버지가 참 난처하구나' 하면서 있는 그대로의 나의 기분을 표현한다. 나와 손주들 사이에는 정서적인 교감이 이루어지고 있기 때문에,

아이들은 나의 마음을 이해하고 그 이상으로 할아버지를 힘들거나 곤혹스럽게 하지 않으려고 노력한다. 그것이 '배려하는 마음'으로 발전하고, 타인을 난처하게 하지 않으려는 마음으로 발전해가는 것이다.

이른 예절 교육의 역효과

'무언가를 하려고 하는 마음'을 '의욕'이라고 했는데, 이와 관련하여 프롤로그에서도 잠깐 언급했지만, 조금 더 자세하게 손주의 예를 들어서 살펴보고자 한다.

손주의 부모(나의 장남 부부)는 맞벌이를 하고 있다. 첫째 아이가 생겼다는 것을 알았을 때 이 젊은 부부는 우리에게 아이를 맡길 생각이 전혀 없었다. 보육원에 보내기를 원했다.

나는 그 사실을 알고 극구 반대를 했다. 나는 1947년부터 도쿄의 보육원에서 도우미도 하고 아동 연구에 협력을 해왔는데, 세 살 미만 아이의 육아법이 영 마음에 들지 않았다.

무엇보다 첫 번째로, '의욕'을 키워주는 데 있어서 중요한 '장난'을 칠 기회가 적다. 장난감이 종류별로 갖춰져 있기는 하지만, 가정에서 아이들이 장난의 대상으로 삼는 가재도구들은 미비하다. 집에 있는 아이들은 주변에 있는 가재도구들을 갖고 연신 '장난'을 치면서 스스로 '의욕'을 키우고, 그와 동시에 그 도구들이 어떤 용도로 쓰이는지 경험해나간다. 말 그대로 체험학습이다. 그런 학습 속에서 사물의 실체를 이해하게 되는 것이다.

두 번째로, 유치원이나 보육원에서는 쓰레기통과 티슈 상자 등을 아이들 손이 닿지 않는 곳에 두기 때문이다. 그도 그럴 것이 아이들이 쓰레기통을 뒤지거나 쏟아버리면 뒷정리는 선생님들의 몫이 되고, 티슈를 모조리 뽑아버리면 아깝다고 생각한다.

세 번째로, 그 당시 보육원에는 독특한 예절교육을 주장하는 보육사 선생님 그룹이 있었기 때문이다. 그들로서는 교육이라는 것을 전면에 내세우고 싶었으리라. 한 살짜리 아이를 보육하면서 '흘리지 말고 먹읍시다'라는 슬로건을 내건다. 식사 시간이 되면 커다란 앞치마를 목에 둘러주고 그 위에 밥그릇을 올린 다음, 팔꿈치를 괸 채로 밥을 먹도록 예절 교육을 했다. 그런 보육교사가 담임이 되면 한 가지 패턴의 행동만 강요하기 때문에 아이의 '의욕'은 절대로 자라지 않는다. 혹시라도 아이가 밥을 흘리면 당연히 꾸지람을 듣게 될 것이다. 더더욱 '의욕'에 압력이 가해질 뿐이다.

어린 아이는 식사를 할 때 밥을 흘리기도 하고 그릇을 엎기도 하면서 조금씩 나아지는 과정을 겪는 법이다. 특히 실패의 체험은 아이 발달에 있어서 중요한 의미를 갖는다. 앞으로는 실패하지 않으리라는 결의가 생기고, 그러기 위해 기술을 향상시키려는 노력을 하기 때문이다.

아이가 실수를 하면 뒷정리가 번거롭기 때문에 싫다는 엄마들이 많은데, 그렇게 되면 번번이 도와주게 되고 결국 과보호가 되어 '의욕'을 상실할 뿐 아니라, 무조건 어른에게 의지하려는 마음이 강해지게 된다. 그러므로 아이가 실수를 했을 때는 절대로 혼내지 말고 스스로 정리하고 처리할 수 있는 방법을 천천히 가르쳐주는 것이 좋다. 그럼에도 불구하고 짜증을 내며 본인이 직접 처리해버리는 엄마들을 보면 안타깝기 그지없다.

'혼내지 않는 교육'의 실천

■

결론적으로 인생 초기를 예절교육 지상주의 보육교사 밑에서 자란다면 절대로 아이의 '의욕'은 자라지 않는다. 그렇기 때문에 나는 손주를 보육원이 넣는 것을 결사반대했다.

그러자 나의 아내가 첫 손주 녀석을 본인이 키우겠다며 나섰다. 아내는 평소에도 자식들이 모두 자립을 해서 떠나면 도움이 필요한 아이들을 데려와 키우고 싶다는 이야기를 했는데, 그 일이 정작 우리 집 아이가 되리라고는 상상도 하지 못했다.

아내는 아동심리학자 쿠라하시 소조倉橋惣三 선생 아래서 배웠고, 나와 함께 '혼내지 않는 육아'를 실현해왔기 때문에 좋은 할머니(보육 할머니)가 될 자질은 충분히 갖추었다.

우리 부부는 노후에 둘이서 즐겁게 지낼 계획들을 이것저것 많이 세워놓았는데, 손주를 맡게 된 이상 그 꿈은 잠시 접어두어야만 했다. 그러나 우리 둘 모두 아이를 좋아하기 때문에, 둘이서 누리려던 즐거움과 기쁨을 손주와 함께 맛볼 수 있게 되었다.

그 결정을 내릴 때 맨 처음 우리 두 사람이 나누었던 이야기는 '장난'을 소중히 여겨주자는 것이었다. 아동심리학에서 볼 때 아이의 '장난'은 '탐색 욕구에 근거한 행동'이라고 정의한다. 탐색 욕구란 어른으로 말하자면 연구나 탐험의 욕구라고 할 수 있다. 연구에 대한 욕구가 큰 어른이 되려면 충분히 '장난'을 인정해주어야 한다.

또한 탐색 욕구는 아이들 누구나 가지고 태어나기 때문에, 장난을 치기 전, 즉 영아기 때도 자기 손을 쳐다본다거나 오르골이 돌아가는 모습을 계속 따라가며 본다거나 천장에 비치는 그림자를 바라보며 혼자서 놀이를 한다. 아이의 놀이를 방해하지 않도록 주의할 필요가 있다.

간혹 할아버지나 할머니들이 손주가 너무 사랑스러운 나머지 혼자 놀이를 잘 하고 있는 아이를 안아준다거나 어르고 달래는 경우가 많은데, 되도록 그렇게 하지 않고 가만히 지켜보는 것이 좋다.

조금씩 기기 시작하면서 신체 이동이 가능해지면 드디어 아이의 장난이 시작된다. 그래서 나는 우리 집 거실을 '보육실'이라고 이름 짓고 우리 부부가 아끼는 물건이나 위험한 물건들을 치워두고 아이가 충분히 장난할 수 있는 상황을 만들어주었다. 그리고 어떤 장난을 쳐도 혼내지 않기로 약속을 했다.

그 결과 프롤로그에서 언급한 것처럼, 창호지를 찢고 벽에 온통 빨간색 매직으로 낙서를 하는 등 피해를 입고 말았다. 하지만 이 역시 그 나이 또래의 아이들다운 사고에 근거한 행동이었기 때문에 우리 부부는 절대로 혼내지 않았다. 물론 그런 '장난' 때문에 할아버지가 힘들고 곤란하다는 사실은 정서적으로 호소했다.

익살과 농담은 재물이자 선물

아이와 함께 익살을 떨어보자

두 번째로 아내와 했던 이야기는 '익살과 농담'이다. 내가 워낙 익살꾼이고 농담하기를 좋아해서, 손주들과 놀 때도 익살과 농담이 많은 편이다. 아이들이 나의 익살과 농담을 좋아하기 때문이기도 하다. 아이들은 자기들만의 놀이도 좋아하지만 그에 못지않게 익살을 떨고 농담을 하며 노는 것을 좋아한다. 그러다보니 자연스럽게 놀이 속에도 익살과 농담이 많아지는 것이다.

이야기가 반복되는 감이 있지만, 나는 1947년부터 유치원이나 보육원에서 일을 많이 했는데, 아이들이 네 살을 전후로 해서 급속도로 익살과 농담이 많아지는 것을 경험했다.

특히 점심 식사를 할 때 '방귀 뿡', '엉덩이 뿡', '배꼽 뿡' 하면서 깔깔거리며 웃는 것을 보았다. 나는 아이들이 즐거워하는 것이면 무엇이든 함께 참여해서 같이 놀고 싶었다. 아이들도 내가 끼어서 재미있게 놀면 크게 기뻐했고, 나는 어느 새 아이들 사이에서 인기 만점 아저씨가 되어 있었다.

그런데 갑자기 보육교사가 다가와서 '그런 말을 하면 될까요 안 될까요' 하고 혼내는 투로 말을 하는 것이 아닌가! 나는 마음속으로 '본인도 어릴 때는 이런 말 했을 텐데'라고 중얼거렸다. 하지만 그것을 연구 대상으로 삼지는 않았다.

그런데 같이 살고 있는 손주가 세 돌 8개월이 되었을 무렵 식사를 함께 하고 있는데 갑자기 '엉덩이', '고추' 하면서 깔깔거리기 시작하는 것이었다. 드디어 시작되었구나, 내심 즐거워하고 있던 어느 날 유치원에서 돌아온 아이가 나의 얼굴을 보더니 큰 소리로 '달랑달랑 고추 소시지'라고 외치는 것이 아닌가! 나는 너무 기쁜 마음으로 손주 녀석과 함께 합창을 해 주었고, 녀석은 뛸 듯 좋아했다. 그 날 하루 동안 몇 번을 합창했는지 모른다.

그런데 한 달 반 정도가 지나자 그 말을 전혀 하지 않게 되었다. 그와 동시에 나도 합창을 그만 두었다. 그것이 바로 '졸업'이라는 것이다.

그러던 아이가 초등학교에 들어가기 두 달 전, 아마도 1~2월쯤이었던 것 같다. 내 방에 들어온 아이를 보는 순간 문득 '달랑달랑 고추'라는 말이 그의 의식 속에 어떻게 남아 있는지 확인하고 싶어졌다. 그래서 큰 소리로 '달랑달랑 고추' 하고 외쳐 보았다. 그러자 아이는 나를 물끄러미 바라보며 '할아버지가 갑자기 왜 저런 이상한 말을 하는 거지'라는 표정을 지을 뿐, 예전의 그 신바람 나던 표정은 찾아볼 수가 없었다.

다시 말해서 완전히 '졸업'을 한 것이다. 아이의 심리 발달단계에는 '졸업'이 있다는 것을 더욱 연구해야 한다고 확신하고 있는 나로서는, '익살과 농담'도 연구하기 시작했다. 그리고 1992년에 조수인 야마다 마리코山田まり子와 《아이의 유머子どものユーモア》라는 책을 출판하기에 이르렀다. 일본에서는 처음 시도된 연구였다.

유머는 사랑으로 통하는 길

그런 연구를 하면서 미국이나 유럽에서는 유머 센스를 매우 중요하게 여기고, 리더의 자질로서도 이 유머가 중시되고 있다는 것을 알게 되었다. 영국 등지에서는 가정교육 속에서 유머 센스를 열심히 길러준다는 내용을 책에서 읽은 적이 있다.

이런 의식을 가진 부모들은 또래 친구를 사귈 때도 유머 센스가 있는 상대를 고르라고 조언을 한다는 이야기도 들었다. 조치上智대학 교수인 데켄 신부는 '유머는 사랑으로 통하는 길'이라는 말을 했다.

나는 여러 차례 구旧서독이나 오스트리아 등 독일어권 안에서 생활한 적이 있는데, 그곳 사람들은 일상생활 속에서 수시로 조크(농담)를 즐기는 것을 경험했다. 특히 손님을 초대하는 파티에서는 유머나 농담이 더 많아서, 즐거운 화젯거리가 넘쳐나지 않는 파티는 실패한 파티라고 했을 정도다. **즉 사람과 사람의 만남에는 '웃**

음'이 중요하다는 뜻이다.

NHK의 《오타츠코 클럽お達子くらぶ》에 출연했을 때의 일이다. 그 프로그램은 70세 전후의 노인들이 모여 있는 앞에서 내가 20분 동안 강연을 하는 것이었다.

그때 담당 PD가 주의 주기를, 최대한 재미있게 강연을 해달라는 것이었다. 지루하고 재미없는 이야기를 하면 노인분들이기 때문에 꾸벅꾸벅 조는 사람이 나타나고, 만약 그 장면이 TV 화면에 나오면 큰일이 난다는 취지였다.

나는 잠시 고민을 하다가, 어린 아이들이 얼마나 즐겁고 재미있는 존재인지 그와 관련된 에피소드를 들려주었다. 그러자 할머니들의 약 80퍼센트는 즐겁게 웃어주었지만, 할아버지의 4분의 3은 팔짱을 낀 채 시큰둥한 표정을 지으며 전혀 웃지 않았다. 그런데 강연이 끝나고 자유롭게 질의응답을 하는 시간이 되자 한 할아버지가 '오늘 강연, 아주 재미있었어요'라고 말하는 것이었다. 또 어떤 분은 고개를 끄덕이며 맞장구까지 쳤다. 그렇게 재미있었다면 웃어야지 왜 웃지 않으셨던 겁니까?

그 이유를 곰곰이 살펴보니 무사武士시대로까지 거슬러 올라간다. '무사는 3년에 한 번, 그것도 한쪽 뺨으로 웃는다'라는 말이 있다. 그 말이 메이지 유신을 지나면서 군인들에게 계승되었던 것이다. 그도 그럴 것이 군인들이 사진 속에서 웃고 있는 모습을 한 번도 본 적이 없는 것 같다. 웃으면 위엄을 잃는다고 생각한 때문일까. 이는 입을 가로 일직선으로 표현하는 것과도 관계가 있고 또는 진지함을 표현하는 것인지도 모른다. 또 한 가지는 하급무사가

서당을 시작으로 해서 교육계로 흘러들어온 때문이라고도 생각할 수 있다. 교원들이 잘 웃지 않는 것도 두드러지는 대목이다.

언젠가 초, 중고교 수석 교사들 연수에 초빙되어 강의를 한 적이 있는데, 그들의 90퍼센트가 남성이었다. 나는 아이들이라는 존재가 얼마나 즐겁고 행복한지에 대한 에피소드를 무궁무진 쏟아냈지만 한 번도 웃음소리가 흘러나오지 않았다. 어쩌면 나의 강의가 진지하지 않다고 받아들였을지도 모른다. 어쨌든 그날 몹시 피곤했던 기억이 난다.

그리고 교육계가 얼마나 큰 문제를 안고 있는지 뼈저리게 느꼈다. 교사는 항상 진지해야만 하는가.

의욕이 가득한 익살꾸러기

동양에서는 진지한 사람을 높게 평가하지만, 서구에서는 지루하고 재미없는 인격을 가진 사람이라는 의미도 포함하고 있다. 그것은 유머 센스가 부족하고 농담을 할 줄 모르기 때문이다.

데켄 신부의 말을 거꾸로 하자면, '애정결핍'이라고 말할 수 있을지도 모른다. 혹은 인간은 본래 즐겁게 웃는 성질을 가지고 있음에도 불구하고 거짓 감정을 연출함으로써 높은 평가를 받고 싶은 마음이 있기 때문인지도 모른다. 그렇다면 진지하다는 것은 결국 '내숭떠는 아이'에 불과한 것이다.

손주 아이가 초등학교에 들어가 1학년 6월에 아이 엄마가 담임교사의 호출을 받았다. 아이가 너무 장난이 심하다며 주의를 받았다는 것이다. 그 사실을 나에게 알리며 '어떻게 하면 좋을까요' 울상을 짓는 며느리에게 나는 '잘 됐구나. 할아버지 유전자를 받았기 때문에 어쩔 수 없다고 그러지 그랬니' 하고 말했다. 그 선생님은 교육 자체에는 열심이었는지 몰라도, 심하다 싶으리만치 진지하기만 한 사람이다. 솔직히 '심하다'라는 말보다 더 원색적이고 노골적인 표현을 쓰고 싶은 것을 억지로 참았다.

이따금씩 우리가 진행하는 '익살과 농담'에 관한 연구 진행 상황이 기사가 되어 대중에게 전달되는데, 어느 날인가 나는 그 기사를 손주 녀석 담임교사에게 보내주었다. 그날 이후, 손주는 선생님에게 주의를 듣지 않게 되었다. 그 선생님이 손주를 장난이 심하다고 평가한 것은 심한 진지함을 기준으로 했기 때문이다. 아이를 가르치는 교사들의 평가 기준이 좀 더 국제적이 되어야 할 필요성을 통감했던 사건이었다.

우리는 '익살과 농담'에 대한 연구를 하면 할수록 **'익살스럽고 농담을 잘 하는' 아이는 '자발성'이 순조롭게 발달할 뿐 아니라 '의욕'도 충만해진다는 것을 깨닫게 되었다.**

편안하게 해주는 엄마가 가장 중요하다

육아를 할 때는 미련할 필요가 있다

연구를 진행하면서 '익살과 농담'이 풍부한 아이의 가정은 부모가 그런 성향이든가, 형제들이 그 아이의 '익살과 농담'을 허용해주는 분위기라는 것을 알게 되었다.

그렇다면 심각한 진지함을 퇴치해야 할 필요가 있지 않을까.

나는 여대생들을 대상으로 강의를 할 때, 결혼 전에 데이트를 하면서 상대가 너무 진지하다 싶으면, 설령 대기업 사원이라도 또는 잘생겼더라도 '아, 네. 안녕히 가세요' 하고 헤어지라고 말한다.

왜냐하면 밝고 쾌활한 엄마와 즐겁게 저녁 식사를 하고 있는데, 늘 짜증만 내고 소리를 지르는 아빠가 돌아오면 갑자기 무거운 침묵이 흐르지 않겠는가. 그런 가정의 아이들이 문제행동을 일으키는 경우를 많이 보아왔기 때문이다. 웃음이 가득한 가정은 아이의 정서 안정에 매우 중요한 의미를 갖는다. 그리고 부모와 자녀의 관계도 밀착되어 있다. 아이들이 쓴 글로 그 사실을 확인해보자.

우리 엄마, 바보 엄마

■

이 글은 내가 NHK 라디오 제1방송에서 담당하고 있는 전화 상담 중에 나온 이야기를 담당 아나운서인 아이카와 히로시相川浩씨가 《부모와 자식親と子》이라는 잡지에 실은 것이다. 어느 마을에서 교육위원회 주최로 열린 초등학생 글짓기 대회(주제는 〈나의 엄마〉)에 참가했던 날에 생긴 일이다.

(전략) 5학년 소녀가 단상에 오르려는 순간, 아이 옆에 앉아 있던 엄마가 갑자기 '어떡해, 어떡해, 너무 창피해'라며 양손으로 얼굴을 가리고 의자에서 안절부절못하고 있었다.

그러나 소녀는 훌쩍 큰 키에 빨간색 카디건을 입고 머리카락을 길게 늘어뜨린 모습으로 방긋방긋 웃으며 단상 위에 서 있는 것이 아닌가.

그러더니 마이크 앞에 서서 원고지를 두 손으로 받쳐 들고 밝고 낭랑한 목소리로 읽어나가기 시작했다.

초등학교 5학년 ○반, 난노나사토코何野名仁子.

우리 엄마, 바보 엄마!(폭소)

우리 엄마는 바보입니다.(또 폭소)

야채를 삶다가 빨래를 널러 뜰에 나갔는데 갑자기 야채 삶는 물이 끓어 넘쳤습니다. 이를 본 아버지가 "여보, 이런 바보. 야채 삶는 물이 다 넘치잖아!" 하고 소리쳤습니다. 그러자 엄마는 빨래를 집어던지고 허둥지둥 부엌으로 달려 들어가셨습니다. 빨래는 흙투성이가 되었습니다.(폭소)

하지만 엄마에게 소리치는 아버지도 사실은 바보입니다.

어느 날 아침 늦잠을 자고 허둥지둥 일어난 아버지는 "아침 식사는 됐어" 하면서 옷을 갈아입고 가방을 들고 현관으로 사라졌습니다. 그 모습을 본 엄마가 말했습니다. "바보 같으니라고, 너희 아버지 말이다. 오늘은 일요일인데. 잠꾸러기는 어쩔 수 없다니까!"(폭소)

그렇게 바보 같은 엄마와 아빠 사이에서 태어난 제가 영리할 리 있을까요.(대폭소) 남동생도 멍청이입니다.(웃음) 우리 가족 모두 바보들입니다.(폭소)

하지만……(장내 숙연) 저는 어른이 되면 우리 바보 엄마 같은 여자가 되어 우리 바보 아버지 같은 사람과 결혼을 하고, 나와 제 동생 같은 바보 남매를 낳아 집안 가득 하하 호호 밝은 웃음소리로 채우며 살고 싶습니다.

나의 사랑하는 바보 엄마!!(모두 눈물)(이하 생략)

나는 이 글을 읽을 때마다 눈물이 솟구친다. 그동안 현명한 엄마, 아빠가 되어야 한다고 외쳐왔는데, 이 소녀의 글을 읽고 난 후부터는 바보 엄마, 바보 아빠가 얼마나 훌륭한지 깨닫게 되었다. 바보 엄마, 바보 아빠를 훌륭하다고 하는 것은 자신의 실수나 실패를 웃어넘길 수 있는 현명함과 유머 센스를 갖고 있기 때문이다. 이런 아빠와 엄마가 많으면 많을수록 가정에는 웃음이 넘치고 아이들의 정서는 안정되지 않겠는가.

나는 지금 훌륭하고 현명한 바보에 대한 연구를 하고 있다. 그런 점에서 에도시대의 승려인 '료칸良寬' 스님을 소개하고 싶다. 료칸 스님은 노인이 되어서도 아이들과 한데 어울려 신나게 놀았고, 아이들도 늘 그를 따랐다. 아이들과 숨바꼭질을 하다가 저녁이 되어 아이들이 모두 집으로 돌아가도, 그는 밤새 헛간에 숨어서 술래가 찾으러 오기를 기다렸다. 그만큼 순진한 마음으로 평생을 살았던 것이다.

다과회에서의 코딱지 이야기도 료칸 스님답다는 생각을 하게 한다. 코를 파다가 코딱지가 손가락 끝에 묻어나왔다. 그래서 오른쪽에 떨어뜨리려고 하는데 오른쪽 사람이 그것을 보고 불쾌한 표정을 짓자 왼쪽에 떨어뜨리려고 했다. 그러자 이번에는 왼쪽 사람이 또 언짢은 표정을 짓는 것이었다. 그래서 하는 수없이 코딱지를 다시 콧속으로 밀어 넣어 버렸다는 에피소드가 있다. 어디에 구애되거나 연연하지 않는 인생을 보내고 있다고 말할 수 있으리라. 료칸 스님의 아호가 '큰 어리석음大愚'인 것도 매력적이다.

동심으로 돌아가자

■

세계 최초로 킨더가든Kinder Garden을 만든 사람은 프뢰벨이다. 킨더는 독일어로 아이들을 뜻하고, 가든은 '뜰', '정원'이라는 의미다. 즉 프뢰벨은 아이들이 뛰어 노는 화원을 머릿속에 그렸던 것 같다. 이 말을 유치원幼稚園이라고 번역한 메이지 시대 초기의 누군가는 참 볼품 없는 번역가였으리라 생각해본다. 유치幼稚라는 말은 도대체 무슨 뜻인가.

프뢰벨은 나이를 먹어서도 아이들과 즐겁게 어울리며 놀았기 때문에 그 동네 사람들이 '바보 할아버지'라고 불렀다고 한다. 마을 사람들이 '바보'라는 말을 쓴 것은 어른들의 부정적이고 왜곡된 마음에서 비롯된 시각이었을 것이다.

아이의 마음 즉 '동심童心'은 순진한 마음이다. 그것은 어른이 보았을 때 멍청하고 바보처럼 보이지만, 그런 시각을 갖고 있는 어른이야말로 순진한 마음을 잃어가고 있다고 할 수 있다. 요즘 나는 순진한 마음 즉 '동심'을 잃어버리지 않기 위해 생애 교육을 어떻게 실천해나가면 좋을지 계속 고민 중이다.

그런 의미에서, 〈옹동론翁童論〉은 매우 흥미로운 이론이다. 이 말은 종교학자인 가마타 토지鎌田東二 선생이 제창한 것으로, 내용 자체는 매우 난해해서 나로서는 이해하기가 쉽지 않다. 하지만 단순하게 생각하면, '아이 할아버지 마음속에는 아이의 마음이 있다'는 발상에 입각하여 논리를 진행하고 있다. 다시 말해서 노인이 되어서도 순진한 마음을 잃지 않는다는 뜻이다.

그것은 유머 센스와 연관이 되어 있기도 하고, 엘리트를 지향하는데 있어서 무조건 아이의 두뇌 개발에만 초점을 맞추는 사람들에 대한 반격이 아닐까. 유아교육 산업은 결국 '머리 좋은 아이'를 지향하고, 어리석은 사람을 부정하고 있는 것이 현실이니까…….

아이의 장점을 세어보자

바보의 장점을 인정하면 아이의 '의욕'도 풍성해진다. 아둔하고 어리숙한 성향을 긍정적으로 받아들이면, 어느 아이에게나 반드시 '장점'이 있다는 것을 발견할 수 있다.

내가 평소 존경하는 초등학교 선생님 한 분은, 공부를 잘하는 아이보다 급식당번을 잘 하는 아이, 청소를 깔끔히 하는 아이, 연필을 예쁘게 깎는 아이를 칭찬한다. 어느 아이에게나 그 아이 나름의 '장점'이 있다는 것을 인정하기 때문이다.

선생님이 인정을 해주면 내용이야 어떻든 아이 입장에서는 기쁘고 흥분되는 일이다. 아이들은 그런 선생님을 존경하고 따른다. 교사는 아이들이 존경하고 따를 때 비로소 진정한 교육이 가능하다. 아이도 '의욕'이 솟구친다.

그 선생님은 항상 학급에 장애가 있는 아이를 함께 배정한다. 왜냐하면 장애가 있는 아이와 함께 함으로써 다른 아이들도 더불어 성장한다는 것을 발견했기 때문이다.

구체적으로 어떻게 성장하는가. 첫 번째로는 '배려하는 마음'이다. 선생님이 장애 학우를 대하는 '배려하는 마음'이 아이들에게도 고스란히 전해지는 것이다. 두 번째는 '장점'을 발견하고 그것을 인정하는 선생님의 마음이 아이들에게 영향을 미쳐서, 나만의 '장점'을 선생님이 인정해주고 있다는 것을 스스로 확인할 수 있다는 점이다. 아이를 교육한다는 것은 무엇보다 우선 그 아이 나름의 '장점'을 발견하는 데에 의의가 있다.

그럼에도 불구하고 우리 주변에는 '단점'만 찾아내어 그것을 개선하기 위해 혼내고 꾸짖기만 하는 부모나 교사들이 의외로 많다. 그런 부모나 교사를 아이들이 존경하고 따를 리 있는가. 오히려 싫어하고 기피하게 될 뿐이다. 뿐만 아니라 아이는 '열등감' 때문에 아무런 '의욕'도 없는 아이로 자라게 될 것이다. 우리 주변에 부모나 교사로부터 이런 취급을 당하며 '의욕'을 잃어버린 아이들이 얼마나 많을까.

'익살과 농담' 역시 '장점'의 대표적인 예다. 간혹 익살과 농담을 즐기는 아이를 혼내고 훈계하는 부모나 교사들이 많은데, 그것은 '익살과 농담'을 '장점'으로 받아들이는 '감성'이 결여된 탓이라고 말할 수 있다.

나는 요즘, 아이들의 '익살과 농담'을 '장점'으로 인정하고 그것을 꽃피워 나감으로써 유머 센스를 가진 사람으로 성장할 수 있는 연구를 진행 중이다. 유머는 '사랑'으로 통하는 길이므로 인간으로서 매우 중요한 자질 중 하나라고 하겠다.

그러기 위해서는 아이와 함께 '익살과 농담'을 즐기려는 마음

가짐이 필요하다. 아이는 부모와 선생님들이 그런 자신을 인정하고 있다는 것을 이해하면, '익살과 농담'을 다른 사람들과 함께 즐기기 위해 노력하게 된다. 그러다보면 '단점'으로 보였던 부분이 '장점'으로 변한다. 부모와 교사가 인정하고 칭찬할수록 아이는 자신의 능력을 키워나갈 수 있다.

나는 아이의 행동 가운데 '단점'은 단 하나도 없다고 여기는 성선설에 도달했는데, 이는 아이를 대하는 시각으로서 큰 의미를 갖는다고 확신하고 있다.

엄마와 아빠는 가정에 '웃음'이 더욱 더 넘쳐날 수 있도록 노력하고 연구하기 바란다. 그러려면 가족 모두가 즐거울 수 있는 화제를 찾는 것도 하나의 요령이다. 부부가 즐겁게 대화를 나누면 집안 분위기도 좋아지기 때문에, 아이의 정서를 안정시키는 기반이 될 수 있다.

우리 아이 장점 노트

아이의 장점을 세어보세요.

누구에게나 자랑할 수 있는 아이의 장점은 무엇이 있을까요?

제 4 장

반항은 의욕이 넘친다는 증거

아이의 반항을 어떻게 받아들일까

반항이란 무엇인가

나는 어린 시절에 '부모님 말씀은 무조건 순종하고 따라야 한다'는 이야기를 귀에 못이 박히도록 듣고 또 들었다. 부모님 말씀을 거역하는 아이는 불효자라는 꼬리표를 달고 살아야 했다. 항상 효도에 관한 교육을 받고 부모의 은혜를 강조하는 시대였기 때문에, 불효不孝는 그야말로 '죄 중에 큰 죄'와 다름없었던 것이다. 또한 불효는 불충不忠으로 이어졌다. 그것은 봉건시대였기 때문이다.

나의 부친은 봉건사상을 가진 분으로 유교 정신을 중요하게 여겼기 때문에, 어머니나 자식들을 대할 때 항상 명령조로 말했다. 그리고 조금이라도 자신의 의견에 반하는 행동이나 발언을 하면 천둥소리 같은 역정을 내곤 했다. 반면에 어머니는 우리를 혼내거나 잔소리 한 번 하지 않는 분이었다. 우리는 그렇게 대조적인 부모 밑에서 자랐다.

그러다 보니 어머니와 함께 있을 때는 정서적으로 안정되고 즐겁게 놀 수 있었지만, 아버지가 집에 있을 때는 항상 긴장 상태가 이어졌던 탓에 도무지 아버지를 좋아할 수가 없었다.

그러면 안 된다는 것은 알지만, 어떨 때는 '아버지가 빨리 돌아가셨으면' 하고 생각한 적도 있었다. 그나마 다행인 것은 아버지가 토요일 저녁에 집에 오면 일요일 하루만 내내 집에 있다가, 월요일 아침에 출근을 하면 금요일까지는 안 들어오기 때문에 그 동안은 마음 편안히 지낼 수가 있었다. 친구들을 수시로 집에 데려와서 놀기도 했는데, 친구들도 그런 우리 집이 편했으리라.

초등학교 5, 6학년 무렵, 나는 절대로 아버지 같은 아버지가 되지 않으리라 결의를 다졌다. 이것이 앞서 이야기한 '혼내지 않는 교육'으로 이어졌다고 할 수 있다. 뿐만 아니라 직접적으로 반항하지는 못해도 아버지가 하는 일(예를 들면 취미 등)은 될 수 있으면 함께하지 않았으며, 아버지가 희망하는 것(예를 들면 대학 진학이나 취직 등)을 최대한 따르지 않을 수 있는 방법을 연구했다.

아이의 '반항'이 발달단계에서 나름의 의의가 있음을 알게 된 것은, 전쟁 직후 아이들의 심리나 교육에 대해 공부하기 시작하면서 부터다. 또한 미국 서적 가운데서 게젤이라는 인물의 책을 읽었던 것이 중요한 계기가 되었다.

그 결과, 아이의 반항은 두 살에서 세 살에 걸친 '제1반항기'와 사춘기 시기의 '제2반항기'가 있으며, 그 시기의 반항을 통해 아이의 '자아'가 발달한다는 사실을 이해할 수 있게 된 것이다. 그리고 내가 초등학교 고학년부터 중학생 때까지 나의 아버지에 대해 부정적인 마음이나 가치관을 가졌던 것은, 내가 문제아였기 때문이 아니라 성장 발달이 순조롭게 이루어지고 있다는 반증이었음도 알게 되었다.

그 덕분에 나의 세 자녀가 두 살에서 세 살에 걸쳐 '반항 현상'을 보였을 때도 다행이라는 생각을 했다. 아이들의 '반항'이 그리 거세지 않았던 것은 내가 명령조로 말하는 경우가 극히 드물었고, 혼내지 않는 교육을 시작하고 있었기 때문이었으리라.

자아의 싹을 소중히 여기자

■

'제1반항기'에는 조금만 명령조로 말해도 '싫어!'라고 한다거나 반대로 행동하기도 하며, 자기가 하려고 하는데 부모가 도와주려고 하면 그 손을 뿌리치거나 도망쳐버리기도 한다. 아이의 이러한 반응에 부모는 화가 날 수도 있다. 자신이 어릴 때는 부모님이 늘 입버릇처럼 '엄마 말을 잘 들어야지'라는 말을 하지 않았던가.

나의 여덟 번째 손주는 벗고 다니기를 좋아해서 우리 집에만 오면 다짜고짜 옷부터 벗는다.

소아과 의사인 나로서는 충분히 그럴 수 있다고 생각했기 때문에 추운 겨울에도 싱글벙글 웃으며 바라볼 수가 있었다. 하지만 아이 할머니는 풍風이 든다거나 감기가 든다고 믿는 미신이 남아 있어서 '어서 옷 입자' 하고 어떻게든 옷을 입히려고 한다. 그러면 손주는 '할머니, 저리 가!' 하고 소리를 지르며 반항을 한다.

나는 그 광경을 지켜보며 자기 일은 자기가 하려고 하는 아이의 '의욕'을 확인하고 뿌듯해졌다. 다행히 그쯤 되면 아내도 그것을 깨닫고 '그럼 혼자 해 보렴' 하면서 아이 손을 놓고는 나와 눈을 마주친다. 자신의 행동이 잘못되었음을 알았기 때문이다.

아마도 아이의 반항기에 관한 지식이 없는 엄마나 아빠는 '그게 무슨 말버릇이니' 하면서 아이를 혼내려고 할 것이다. 그로 인해 반항할 수 없는 상태로 몰린 아이는 부모의 뜻대로 얌전하고 말 잘 듣는 아이가 되겠지만, 결국 스스로 무언가를 하려고 하는 마음 즉 '의욕'을 잃어버리고 만다. 나는 부모들이나 기성세대들이 바라는 얌전한 아이는 의욕을 제한당하고 있을지도 모른다는 경고를 보내고 싶다.

그런 점에서 서양 부모들은 자신의 기분이나 생각을 정확하게 표현할 줄 아는 아이로 자라기를 바란다는 점에서 동양과 대조적이라고 할 수 있다. 자신의 솔직한 기분이나 마음속에는 '싫어!'라는 표현도 포함되어 있다. 그것은 어른도 마찬가지다. 근무 시간이 끝나고 상사가 '한 잔 하러 가지'라고 해도, 가족들과 저녁 식사를 함께하기로 약속했다면 '저는 못 갈 것 같습니다'라고 분명하게 표명할 수 있어야 한다. 아무래도 상사와 저녁 식사를 함께해야 할 상황이라면 아내에게 반드시 연락을 해야 한다. 아무런 연락도 없이 저녁 약속을 어기는 남편이라면 아내가 이혼 서류를 들이밀지도 모른다.

국제적으로 볼 때도, 회의 등에서 'YES'나 'NO'를 분명하게 표명하는 것이 신용 면에서도 아주 중요하다. 상대에게 아무것도 해 줄 수 없으면서도 '선처 하겠습니다'라고 큰 소리를 친다면 당연히 상대는 기대를 하게 되지 않겠는가. 하지만 그것이 거짓말이었음을 알았을 때는 배신감은 물론이고 불신감 역시 이루 말할 수 없을 것이다. 어릴 때부터 자신의 생각이나 의견을 분명하게 말할 수 있도록 습관을 들이는 것은, 글로벌 시대를 살아가는 인재로서의 자질을 높이기 위해 절대적으로 필요하다.

'내가 할 거야'라고 말하면 존중하기

아이가 '내가 할 거야'라고 고집을 부리는 것은 당연히 의욕이 넘치고 있다는 증거다. 그러므로 설령 그것이 그 나이에서는 무리라고 하더라도, 도전하려는 마음을 높이 사서 어떻게 하는지 잠시 지켜봐주는 것이 중요하다. 도전은 의욕을 키우는 데 있어서 매우 중요하다. 잠깐 도전해보고 잘 안되면 '해 주세요'라고 손을 내밀 것이다. 그때는 기꺼이 도움의 손길을 내밀어서 아이의 마음을 받아주어야 한다.

며칠 전에도 여동생의 네 살짜리 아이를 맡아주고 있는 한 여성이 상담을 해왔다. 조카가 무슨 일이든 어른이 도와줄 때까지 기다리기만 할 뿐 도무지 도전하려는 마음이 없다는 것이었다.

여동생 집에는 할머니가 계시는데, 처음부터 끝까지 아이를 챙겨준다고 했다. 할머니는 그것이 아이를 사랑하는 마음이고 친절이라고 생각하기 때문에, 아이 엄마가 그러지 말라고 부탁을 해도 오히려 냉정하고 인정머리 없는 며느리라며 야속해 하더라는 것이다.

올해부터 유치원에 보내야 하기 때문에 선생님의 도움을 받고, 할머니에게는 손녀딸에게서 손을 떼도록 할 생각이라고 했다.

'자발성' 발달의 기초가 되는 '의욕'을 키우지 못하면, 돈으로는 환산할 수 없을 만큼 큰 손실을 입게 된다. 무조건 아이가 하는 일이라면 달려들고 보는(과보호의) 엄마들이 귀 기울여야 하는 말이다.

도와주지 말고 말참견하지 말고 맡겨보기

나는 아이가 의욕이 없어서 걱정이라는 부모가 상담을 해오면, 그 아이가 초등학생인 경우 '무언 수행'을 실천해보라고 권한다. '무언 수행'이란 일상생활의 이모조모에 대해서 일체 명령하지도 않고 말참견도 하지 않으며, 일절 도와주지 않는 것이다. 말이 쉽지 엄마로서는 여간 힘든 일이 아니기 때문에, 무언 수행修行이라고 표현한다.

제일 먼저, 아침에 아이를 깨우지 않는다. 알람시계를 주고 스스로 일어날 시간에 맞추도록 한다. 만약 제 시간에 일어나지 못하면 어떻게 하냐는 질문을 하는 엄마가 있는데, 그것은 학교나 유치원에 지각을 할까봐 걱정이 되기 때문이다. 그때는 지각을 하도록 내버려두면 된다. 지각을 하면 친구들 보기에 창피할 수도 있고 선생님에게 혼이 날지도 모른다. 그런 실패야말로 아이에게는 더할 나위 없는 소중한 경험이다. 그 경험을 통해 책임 능력이 발달하고 의욕이 싹트기 시작한다.

그럼에도 불구하고 '선생님으로부터 아이 좀 잘 챙겨서 보내달라는 연락을 받으면 난처해요'라는 엄마들이 있는데, 나는 그럴 때마다 선생님의 사고방식에 문제가 있다고 말한다. 그렇게 말하는 선생님과 또 그 말을 따르려는 엄마가 있기 때문에 '자발성'이 부족한 아이들이 늘어나고 있다고 대답한다. 개중에는 선생님에게 미움을 사고 싶지 않다고 하소연하는 엄마도 있지만, 그것은 어디까지나 체면치레에 불과할 뿐이다. 자기 아이를 위해서라면 선생님이 오해를 하거나 미워한다고 해도 일관성 있고 소신 있는 태도를 보여야 한다.

"지각을 자꾸 하다보면 아예 등교거부를 하게 되지는 않을까요?" 이런 불안을 토로하는 경우도 있다. 그때는 등교거부에 대한 대책을 세워야 하겠지만, 개인적으로는 모든 것을 아이에게 '맡기기'를 실행해보라고 제안한다.

나의 이야기를 듣고 혹자는 '그럼 그냥 내버려 두면 되겠군요' 라고 반문할 수도 있다. 그러나 '맡기는 것'과 '내버려 두는 것'은 전혀 다른 개념임을 설명하려고 한다.

이미 언급한 바와 같이, '내버려 둔다'는 것은 방임放任이기 때문에 방종放縱하는 아이를 만들 위험성이 있다.

반면에 **'맡기는 것'은 아이를 지켜보면서 참견을 하지 않는 것, 처음부터 도와주지 않는 것이다.** 물론 지켜보고 있으면 자기도 모르게 훈수를 두고 싶고 손이 먼저 나가기도 한다.

그것을 억누르고 가만히 지켜보고 있어야만 한다니 엄마로서는 고행이요, 수행이 아닐 수 없다.

부모 입장에서는 하루 하루 고통스럽고 인내의 한계를 느끼기도 하겠지만, 아이에게는 조금씩 자발성이 발달하기 시작하면서, 자기 나름으로 생각하고 판단해서 어떤 식으로든 행동을 시작하게 된다. '자발성'이 자라기 시작하면 '의욕'도 보이기 시작한다.

인내를 갖고 지켜보기

'무언 수행'을 시작하고 나면, 아이가 공부도 하지 않고 숙제도 하지 않는 날이 이어진다. 엄마로서는 초조하고 애가 타겠지만 그렇다고 덥석 잔소리를 하고 참견을 하면 자발성 발달은 멈춰버리고 만다. 당연히 학업 성적도 떨어질 것이다. 그래도 '무언 수행'을 지속해야 한다.

그 과정을 통해 생각해보아야 할 것이 있다. 지금까지 아이의 생활이 엄마가 잔소리를 해서 또는 일일이 도와주어서 억지로 끌고 온 것은 아니었나 하는 점이다. 엄마가 비로소 아이에게 맡겨보고 즉 '무언 수행'을 시작해보고, 그제야 아이에게 의욕이 없었다는 것을 알게 될 것이다. 그 사실을 깨닫는 순간, '무언 수행'을 더욱 꾸준히 노력해야만 한다.

그러나 의욕 발달이 뒤처진 아이를 끌어올리는 데에는 시간이 필요하다. 보통 초등학교 저학년은 반 년 이상, 고학년은 일 년 이상 걸리기도 한다. 왜냐하면 인격 발달이라는 것은 한 걸음 한 걸음 천천히 밟아나가는 것이지 절대로 단번에 실현되는 것이 아니기 때문이다. 그 기간 동안 엄마와 아빠가 인내심을 갖고 '수행'을 지속할 수 있느냐 없느냐에 따라, 이후 아이의 의욕 발달에 절대적인 영향을 미친다. 많은 엄마, 아빠들이 인내하지 못하고 말참견을 하기도 하고 간섭을 해버리는 바람에 작심삼일로 끝나버리는 경우도 적지 않다.

자신의 아이 시절을 되돌아보며

엄마는 어떤 부모 밑에서 자랐는가

나의 '무언 수행' 강연을 들은 엄마 네다섯 사람이 모여서, 아이를 기다려주지 못하고 불쑥 말참견했던 경험을 이야기하고 서로 격려하는 과정 속에서 수행이 점점 무르익었던 사례가 있다. A엄마가 실행하지 못한 것을 B엄마는 해내는 등 저마다 차이가 있다는 것을 알고 그 이유에 대해 토론해본 결과, 엄마 자신이 어떤 가정에서 자랐는가 하는 것과 깊은 연관이 있음을 알게 되었다고 한다.

한 마디로 말하자면 부모의 예의범절에 대한 성향에 따라 다르다는 뜻이다. 아버지 혹은 어머니 아니면 부모 모두 예의범절에 엄격하다거나 또는 예절교육이 어떤 내용인지에 따라, 엄마라는 위치에 연연해하게 되고 조바심을 내게 된다는 것이 서서히 드러났다.

나의 부친도 철저한 예의범절주의자요 봉건사상이 투철한 사람이었기 때문에, 당신 마음에 들지 않으면 엄마가 되었든 내가 되었든 버럭 고함을 치고 화를 내기 일쑤였다. 나는 아버지가 옆에 있으면 언제 혼이 날지 몰라서 늘 긴장을 하고 있어야 했다. 다행이도 토요일 저녁에 귀가해서 일요일은 하루 종일 집에 있다가 월요일에 출근하면 주중에는 집에 오지 않았기 때문에 그나마 숨통이 트였다. 엄마는 웬만해서는 화도 내지 않고 아이들을 혼내지도 않았기 때문이다. 엄마 역시도 아버지의 모습이 집에서 사라지면 '저승사자 오기 전에 얼른 빨래나 해야겠다' 하고 중얼거렸다. 아버지에 대한 불만이 있었던 모양이다.

엄마의 아버지(나의 외조부) 역시 거의 화를 내지 않는 분이었고, 외조모도 차분하고 조용한 분이었다. 외할아버지는 종종 우리 집에 들르셨는데 장난꾸러기인 내가 할아버지를 놀리거나 장난을 쳐도 화를 내는 법이 없었다.

내가 초등학교 4학년 때, 할아버지가 집에 오셔서 점심 식사를 하고 나서 의자에 앉아 입을 크게 벌린 채 졸고 계셨다. 슬슬 장난기가 발동한 나는 씹고 있던 껌을 꺼내서 둥글게 말아서 할아버지 입 속에 휙 던져 넣었다. 깜짝 놀라서 잠이 깬 할아버지는 허둥지둥 화장실로 달려가서 그 껌을 뱉었다. 그러고 나서 몇 번인가 양치를 하는 소리가 나더니 이내 다시 돌아왔다.

나는 할아버지가 화내기를 기대하고 있었지만, 아무 일도 없었다는 듯 의자에 앉아서 다시 졸기 시작하는 것이 아닌가. 진정한 관용이었다. 생각해보면 할아버지는 신앙심이 두터워서 늘 불경을 외우고 다녔다.

그날의 장난은 까마득히 잊고 있었는데, 이제 내가 할아버지가 되어 손주들이 장난을 걸어오는 나이가 되고 보니, 문득 추억이 떠오르면서 할아버지의 모습이 마음속에 아련하게 되살아났다.

덕분에 나도 손주들의 장난을 넉넉히 받아들여줄 수 있게 되었고, 아예 장난꾸러기로 키우자는 슬로건까지 내걸게 되었던 것이다.

다시 말해서 나는 어머니와 할아버지의 관용을 수용함과 동시에 아버지는 부정했다. 그렇기 때문에 아버지를 그리워한 적이 없다. 앞에서도 말했지만, 사춘기가 되면서 아버지 같은 아버지는 절대로 되지 않겠다고 이를 악물었을 정도다. 그것이 나의 '혼내지 않는 교육'의 기반이 되었다고 해도 과언이 아니다.

여기서 엄마와 아빠들에게 말하고 싶은 점은, 자신을 키워준 부모님을 비판해보라는 것이다.

그것은 어머니, 아버지가 존경받을만한 인격을 가진 사람이 아닌데도, 부모라는 이유만으로 위세를 부리고 무조건 자기 말을 들으라며 자식을 몰아붙이는 잘못을 바로잡아주고 싶기 때문이다.

여러분을 키워준 어머니도 아버지도 여러분과 똑같이, 위대한 인격을 가진 분은 아니었기 때문이다.

부모에 대한 비판은 초등학교 저학년 때 시작한다. 이 '중간반항기' 상태에 순조롭게 '자발성'이 발달하고 있는 아이의 경우라면 부모에게 혼이 났을 때 '엄마, 아빠도 그러면서 뭘' 하는 식으로 말대꾸를 한다.

그러다가 사춘기가 되면 그때까지 부모가 말했던 것, 예를 들면 도덕적인 부분이 조금 이상하다는 의문을 갖게 되기도 하고, 아이에 따라서는 전면적으로 부정을 하기도 한다. 이것이 '제2반항기'다. 이런 반항을 통해 아이는 자아에 눈을 뜨고 자기만의 개성을 키워가게 되는 것이다.

반항기 없이 어른이 된 부모의 문제

많은 엄마와 아빠들이 아이들에게 사춘기 그러니까 '제2반항기'란 있을 수 없다고 생각하는 것 같다. 그 원인을 따져보면 하나는 부모에게 반항하는 것 자체가 나쁜 행동이고, 또 한 가지는 대학 입시 등으로 정신이 없기 때문에 반항을 할 수 없는 상태에 놓이기 때문이라고 믿고 있는 것이다. 그렇기 때문에 자아의 발달 특히 자주성의 발달이 늦어지게 되는 것이다.

그런 상태에서 곧장 사회생활을 시작하면 상사의 지시에는 순순히 잘 따를지 모르지만, 자신의 생각과 판단을 솔직하게 표현하지는 못할 것이다. 그것은 상사에게도 문제가 있다. 자기 의견을 단호하게 피력하는 젊은이들을 싫어하는 경향이 있기 때문이다.

내가 여러차례 구舊서독으로 유학을 갔을 때 얻은 가장 큰 수확은, 독일 교수가 자신에게 대들고 비판을 가해오는 제자들을 너무도 사랑스러워 한다는 것을 알게 되었다는 사실이다. 교수의 강의를 가만히 듣고만 있는 제자는 학문의 진보에 기여할 수 없기 때문이다. 스승을 뛰어넘는다는 것 자체에 큰 의의를 두고 있는 분위기였다.

그런 의미에서 아이들의 반항은 중요하다. 반항적인 아이를 착한 아이로 칭찬하고 격려할 수 있는 분위기가 되었으면 좋겠다.

부모가 관용적인 마음을 가질수록 아이가 자발성을 실현할 수 있다는 이야기를 거듭 해왔다. 즉 관용과 너그러운 마음이 있으면 아이의 행동을 있는 그대로 받아들여줄 수 있다는 뜻이다.

너그럽지 못한 부모, 보육교사, 학교 선생님들은 지금까지 고집해왔던 예의범절주의에서 스스로를 해방시킬 필요가 있다.

어떤 행동에도 적극적인 의미를 찾아내자

부모든 보육교사든 선생님이든 아이들을 대할 때 너그럽고 관용적인 마음을 갖는 것이 중요하다. 너그럽고 관용의 마음을 가진 사람이란 어떤 사람일까. 아이의 행동이 자신의 기대와 기준에 반하더라도, 자기가 바라는 대로 움직이지 않더라도, 그 행동이나 말 자체에서 나름의 의미를 적극적으로 찾아낼 수 있는 사람이다.

다시 말하면 아이의 입장에 서서 생각하고, 아이의 마음을 살피는 사람이다. 배려하는 마음으로 아이에게 다가가는 사람이다. 그것이 가능한 사람은 아이의 행동과 그 이면에 있는 아이의 마음까지도 이해할 수 있다.

그 결과, 엄마와 아빠가 나쁘게 생각했던 것과는 정반대로 선의善意로 가득한 아이의 마음(동심)을 간파할 수 있다. 동심이란 순진무구한 마음이므로, 순진한 마음과 접촉함으로써 그동안 자신이 악의를 가지고 아이를 바라보고 있었음을 절실히 느끼게 될 것이다. 이 깨달음이 반복되면 엄마와 아빠에게도 '배려하는 마음'이 자라난다.

아이는 원래 순수한 마음을 가지고 있다. 그런 아이의 마음을 점점 퇴색시키는 것이 부모요, 선생님이다. 자신의 마음을 가만히 들여다보면 정작 어른인 본인들이 퇴색된 마음을 가지고 있다는 것을 알게 될 것이다.

세상을 살다보면 이런저런 욕망이 생겨나기 마련이다. 타인을 질투하고 미워하고 깎아내리려고 하고……. 그 외에도 수많은 욕망들이 있을 것이다. 아이들에게는 차마 말할 수 없는 부끄러운 마음이 꿈틀거리고 있지는 않을까. 허세를 부리기도 하고 체면치레에 목숨을 걸기도 하고.

언뜻 보면 완벽한 생활을 하고 있는 것처럼 보이지만, 사람들로부터 비난받지 않기 위해 최소한의 방어만 하는 사람도 있고, 좋은 사람인척 흉내 내며 살아가는 사람도 있다.

이 얼마나 불순한 의도인가. 그럼에도 불구하고 아이들을 향해서 무조건 자기 말을 들으라고 할 수 있을까.

우리 기성세대들이 어렸을 때는 '부모님 말씀은 무조건 순종하라'고 배웠다. 부모님에게 말대꾸를 하면 '부모한테 감히' 하고 혼쭐이 났다.

나는 머지않아 엄마가 될 여학생들에게, 결코 훌륭하다고 할 수 없는 어른이 아이들로부터 '엄마'로 불리는 것을 뽐내서는 안 된다고 말한다. 오로지 겸손해야 한다고 거듭 이야기한다.

뽐내는 사람은 권위적이다. 자신은 대단하다고 과시하지만, 정말 권위가 있는 사람은 본인이 굳이 내세우거나 자랑하지 않아도 주위 사람들이 존경을 표한다. 아니 아예 자랑하거나 뽐내려고 하지 않는다.

부모는 대단하다는 생각을 없애자

예로부터 '부모 말은 무조건 따라야 해'라고 말할 수 있었던 것은, 그 시대가 봉건시대(종적사회)였기 때문이다. 상하관계가 분명하고 윗사람은 아랫사람을 지배하는 시대였다. 지금도 클럽활동을 하면 후배들이 '선배님, 선배님' 하면서 예를 표시하는데, 그 배후에는 종적사회 의식이 존재한다.

서양에서는 클럽활동을 하더라도 선후배 구분 없이 서로의 퍼스트 네임을 부른다. 그것은 친밀한 인간관계를 소중히 여기기 때문이다. 가정에서 남편이 아내를 하대하거나 '이봐' 등의 호칭으로 부르는 것도 역시 봉건시대의 잔재가 남아 있다는 것을 의미한다. 이런 상황은 여전히 우리 사회에서 자주 목격할 수 있는데, 이는 봉건사회의 의식이 짙게 묻어나는 장면이다.

그런 의식이 급기야 아이들을 향해서, 무조건 엄마, 아빠 말을 들으라는 교만한 마음으로 이어지는 것이다. 아이를 권력적 태도로 대하는 것 역시 같은 맥락이다. 이런 의식과 태도는 부모가 아이를 배려하고 존중하는 마음의 발달을 방해한다.

그러므로 부모는 무조건 위대하다고 믿는 마음을 부정하는 것부터 시작해보자. 실제로도 결코 대단하지 않으니까……. 그리고 아이에게 조금이라도 실수를 했다면 '미안해'라고 진심으로 사과하자. 사과를 한다는 것은 겸손하다는 의미다. 아이는 그런 부모를 좋아한다. 그리고 점점 존경하게 된다.

그러기 위해서는 자기를 길러준 엄마와 아빠를 비판하는 것이 중요하다. 자신의 부모를 단호하게 비판할 수 있는 사람은, 본인이 어른이 되었을 때 적어도 엄마나 아빠의 모습을 되풀이하지 않기 위해 노력할 수 있기 때문이다.

나는 늘 호통을 치고 어머니와 우리를 자기 뜻대로 움직이려고 했던 아버지를 비판했고, 사춘기가 되어서는 절대로 아버지 같은 아버지가 되지 않으리라 다짐했다. 사춘기는 '제2반항기'로, 그때까지 부모나 선생님이 했던 말이나 그 사람의 인격을 비판함으로써 자기다움(자아)을 만들어내는 시기다. 부모가 자녀를 강압적으로 대하면 아이의 반항도 거세지기 마련인데, 어떤 학자는 그 상태를 질풍노도疾風怒濤라고 부르기도 한다.

동양에서는 부모님의 은혜라는 말을 특히 강조해왔다. 부모님이 낳아주시고 길러주신 공을 감사하게 생각하라는 사고방식이다.

그런데 문제는, 자녀가 진심으로 그렇게 생각하면 좋겠지만 부모 쪽에서 강요하는 경우가 있다는 사실이다. 그런 부모는 그야말로 교만한 마음의 소유자라고 하겠다.

가정재판소에서 경험한 일인데, 비행 청소년을 둔 아버지가 자식에게 은혜도 모르는 녀석이라고 나무라자, 아이가 '누가 나를 멋대로 낳으라고 했어요!'라며 대드는 것을 보고 충격을 받았다. 그 아버지는 입술을 부들부들 떨며 말문이 막혀서 아무 말도 하지 못했다.

자식이 그런 말까지 하게끔 만든 아버지는 자식에 대해 배려도 하지 않았을 뿐더러, 아무렇게나 내팽겨두었든가 강압적이고 권력적으로 지배하려고 했을 것이다. 당연히 그 두 사람 사이에 따뜻한 부자의 정서적 관계가 성립될 리 있었겠는가. 그렇기 때문에 아이가 비행 청소년으로 자랄 수밖에 없었는지도 모른다.

나의 어린 시절

어린 시절 부모님에게 섭섭했던 일이나 고마웠던 일에는 무엇이 있을까요?
혹시 내가 부모님에게 들었던 서운한 말을 아이에게 그대로 하고 있지는 않나요?

제 5 장

배려하는 마음을 전하기 위해

마음껏 사랑을 주기

배려하는 마음은 부모의 사랑을 통해 자란다

부모가 배려하는 마음의 본을 보이면 아이도 배려하는 마음이 조금씩 발달한다. 이는 연구를 통해 점점 확실한 사실로 밝혀지고 있다. 그리고 배려하는 부모는 아이를 혼내지 않으며, 그 모습이 너그럽고 대범하게 비춰진다는 것도 알게 되었다. 너그럽고 대범하다는 말은 관용이라고도 할 수 있는데, 이는 아이를 받아들이는 마음인 동시에 아이를 나무라거나 혼내는 일도 거의 없는 상태를 말한다. 그것은 자신이 결코 훌륭하거나 완벽한 인격의 소유자가 아님을 자각하고 겸손해지기 때문이다.

배려하는 마음을 가진 엄마와 아빠는 아이와 함께 놀고 뒹구는 시간을 즐거워한다. 아이의 입장에 서서 아이의 눈높이로 놀기 때문에 즐거울 수 있는 것이다. 그런 부모 품에서 자란 아이는 밝고 자주성이 발달할 뿐 아니라 배려하는 마음도 아름답다.

배려하는 마음의 발달 연구를 10여 명이 모여서 진행한 지도 벌써 1년이 되어간다. 우리는 그 연구를 하는 과정에서 오히려 본인의 배려하는 마음이 발달해가는 것을 느꼈다. 문득 선禪에서 말하는 '삼척동자를 경배하다'라는 말이 떠오른다. 이 말은 나의 좌우명이기도 하다.

삼척三尺이란 일척, 이척, 삼척이라고 해서 '아주 작다'는 의미다. 동자童子는 아이를 가리키고, 경배한다는 말은 '몸을 굽혀 절하다', '간절히 빌다'라는 뜻으로, 어린 아이를 존경하고 예를 갖추어 대하라는 말이다. 내 나름으로 동심 즉 순진무구한 마음을 대할 때는 겸손해지라는 의미로 받아들이고 있다. 이미 언급한 것처럼 우리 어른들의 오염되고 빛바랜 마음을 깨끗이 씻어버리라는 의미도 포함하고 있는 것 같다.

예부터 이렇게 좋은 말들이 있고, 국학에서는 아이를 가리켜 '일곱 살까지는 신의 아들'이라고 표현하기도 한다. 그러므로 오염된 마음을 가진 어른이 '신의 아들'을 두고 이래라 저래라 가르치려 들고 함부로 나무라서는 안 되는 것이다.

장난꾸러기야말로 착한 아이

그런데 많은 부모들 특히 엄마들이 너무 어릴 때부터 아이에게 이런저런 훈수를 두고 있는 이유는 무엇일까. 특히 도시 엄마들은 한

두 살짜리 아이를 학원으로 매일 같이 데리고 다닌다. 그런 엄마들의 심리는 첫 번째로 어릴 때부터 지적 능력을 개발해서 명문 초등학교에 입학시키고, 나아가서는 명문 대학에 들어가서 대기업에 입사하는 것이 아이 인생이 행복해 지는 길이라고 생각하기 때문 아닐까.

그런데 과연 그런 삶이 행복하다고 할 수 있는가. 나의 연구 결과로 볼 때 '○○을 시킨다'는 마음으로 교육을 하다보면 반드시 강제적이 될 수밖에 없다. 그런 강제성은 아이의 자발성 발달의 기초가 되는 의욕을 억누르고 만다.

엄마 말을 잘 듣는 아이는 매사에 열심히 하는 것 같고 의욕이 넘치는 것처럼 보여도, 그럴수록 자발성 발달은 억압받고 있다는 사실을 알아야 한다.

자발성 발달에 있어서 가장 중요한 것은 자기과제 발견 즉 어린 아이 입장에서 보면 스스로 '놀이'를 찾아나가는 것이다. 그것은 어른이 과제를 주지 않은 상황에서 지켜보면 금방 알 수 있다.

세 살이 지나면 유치원이나 보육원을 다니는데, 선생님이 '무엇을 해도 좋아요'라고 말했을 때 자기 나름으로 생각을 하고 놀이를 찾아내고 그 놀이를 즐기면서 전개하는 아이는 자발성이 순조롭게 발달하고 있다고 판단할 수 있다. 하지만 무엇을 해야 할지 몰라서 멍하니 서있다거나 어슬렁거리기만 하는 아이, 또 놀이를 시작해도 금방 다른 딴 짓을 하는 아이는 자발성 발달이 멈춰버렸다고 보면 된다.

그런 아이는 얌전하고 장난도 거의 치지 않기 때문에, 부모는 우리 아기는 '착한 아이'라고 생각하는 경우가 많다.

그러나 이미 말한 대로, 장난이 심하고 단호하게 반항할 줄 아는 아이가 '착한 아이'다. 그것은 자발성이 순조롭게 발달하고 있다는 증거다. 그런 아이는 학원이나 레슨을 다니라고 하면 '싫어!' 하면서 강경하게 반항을 하기 시작할 것이다. 왜냐하면 자신의 자발성에 압력을 가해오기 때문이다. 엄마, 아빠 입장에서는 아이의 장래를 생각해서 그러는 것인데 '싫어!'라고 하면 화가 날 수도 있다. '나쁜 녀석'이라고 생각할 지도 모른다. 하지만 아이는 자발성 즉 의욕이 순조롭게 발달하고 있는 중이다. 그 사실을 인정하면서 아이가 '싫어!'라고 반항하는 마음을 기꺼이 받아주자.

자유 보육의 소중함

아이의 의욕을 키워주는 유치원이나 보육원에서는 아이가 스스로 발견한 놀이를 매우 소중히 여긴다. 다시 말해서 '자유놀이' 중심의 보육을 하고 있는 것이다. 주변에 선생님들이 호령을 하며 아이들에게 '이렇게 해, 저렇게 해' 하는 곳이 많은데, 이래서는 유아기에 중요한 자발성 발달을 기대할 수 없다.

어쩌면 자발성을 존중하는 보육 방식을 취하는 보육원이 엄마 입장에서는 그저 아이를 놀게만 하는 것처럼 느껴질 지도 모른다. 그러나 선생님들은 아이들의 '자유놀이'에서 눈을 떼지 않고 조금이라도 더 자발성 발달을 지원하기 위해 기회를 엿보고 있는 것이다. 그러다가 기회가 오면 말을 걸기도 하고, 교재나 교구를 준비해 주기도 하고 아이들 틈에 끼어서 함께 놀기도 한다.

다시 말해서 아이에게 '○○를 시키는' 교육을 최대한 지양하려고 노력하고 있는 중인 것이다. 선생님에게 있어서는 더욱 힘든 보육이라고 하겠다. 그런데 선생님들이 이런 노력을 기울여도 부모의 협력이 없으면 제대로 이루어질 수가 없다. 왜냐하면 아이의 '자유놀이'를 소중히 여기는 보육을 하게 되면 처음에는 아이가 멍하니 서있기도 하고 어슬렁거리며 배회하는 모습을 보이기 때문이다. 그런 아이들을 어떻게 돕고 이끌어주면 좋을지 궁리하느라 종종 머리가 지끈거리기도 한다.

육아는 테크닉이 아니다

예절 교육을 멈추자

'동심童心'이란 순진무구한 마음이다. 주변 사람들을 의식하지 않고 자신의 솔직한 기분을 표현하고, 자신의 생각을 스스럼없이 행동으로 옮기는 아이는 동심을 가지고 있다. 그런 아이의 심리학적 특징은 연령이 낮으면 낮을수록 자기중심적이라는 것이다. 육아에서는 아이의 자기중심적 심리를 일단은 인정하고 받아들이는 것(수용)이 매우 중요하다.

수용이란 '아이 입장에 서서 생각하고 아이의 마음을 헤아리는 것'이다. 이러한 양육 태도는 배려하는 마음을 가진 부모나 선생님들이 실현할 수 있다.

배려하는 마음은 심리학적 용어로는 '공감성共感性'이라고 하는데, 그러기 위해서는 감성을 꾸준히 연마하는 것이 중요하다. 다시 말해서 부모와 선생님에게 아이의 마음을 헤아릴 수 있는 능력이 필요하다는 뜻이다.

아이의 기분이나 생각을 헤아릴 수 있는 부모나 보육교사, 선생님은 예의범절에 급급해하지 않는다. 예의범절은 아이를 틀 속에 가두며 동심에 압력을 가하는 것이라는 사실을 알고 있기 때문이다. 틀이란 어른으로서 지켜야 할 행동 형태를 말한다. 그것을 어린 아이들에게 강요한다면 결국 어른 흉내나 내는 어설픈 신사, 숙녀가 될 뿐이다. 형식주의자의 시선으로 보면 아주 예의바른 착한 아이로 평가하겠지만, 사실은 겉만 번지르르할 뿐 마음속에는 아이다운 자유로움이 꽁꽁 숨겨져 있다.

아이들 자신은 '자유롭게', '아이답게', '장난'도 하고 농담이나 익살을 떨고 싶은 마음을 가지고 있지만, 그렇게 행동하면 어른들이 나쁜 아이라고 혼내기 때문에 진심을 억누르고 있는 것이다. 착한 아이라고 칭찬 받고 싶어서 자기 본심과는 다른 착한 아이 흉내를 내고 있을 뿐이다.

예의범절은 종종 아이들에게 거짓을 강요한다. 그렇기 때문에 나는 예절은 천천히 가르치자, 엄격한 예의범절 교육은 절대로 하지 말자고 주장해 왔고, 최근에는 아예 예절교육을 하지 말자는 폭탄 발언까지 하고 있다.

첫 번째 이유는, 예절이라는 일정한 행동의 틀 속에 아이를 몰아넣음으로써 아이의 인격형성에 매우 중요한 자발성 발달에 압력을 가하게 되면, 의욕 없는 아이로 자라게 되기 때문이다. 그리고 종국에는 무기력한 아이로 내몰릴 수밖에 없는 것이다.

자발성 발달에는 무엇보다도 자유가 중요하다. 아이는 자유로움 속에서 의욕이 넘치는 아이로 자란다. 의욕 왕성한 아이로 키우고 싶다면 아이에게 자유를 주어야 한다. 즉 참견 하지 않고, 무턱대고 도와주지 않는 육아 자세가 중요하다는 뜻이다. 그런 환경에서 자란 아이는 '장난', '농담과 익살', '반항', '다툼'이 많아질 것이다. 부모님이나 선생님이 난감해지는 상황도 벌어지겠지만, '배려하는 마음'을 키워주면 다른 사람들을 곤란하게 하는 일이 점점 줄어들게 된다.

배려하는 마음으로 아이를 보듬자

'예절교육 무용론'을 주장하는 두 번째 이유는, 예절교육의 내용을 다각도로 조사해보았을 때 봉건시대(종적사회)나 군국주의 시대의 폐해가 짙게 남아 있다는 것을 알았기 때문이다. 세계대전이 끝나면서 군국주의는 일소되었을 테고, 민주적 사회를 지향하는 사회와 교육계의 움직임도 활발해졌으리라. 그런데 그 시절에 교육을 받았던 사람들 중 일부는 종적사회 의식이 강하게 남아 있는 탓에 여전히 민주주의를 부정하고 반대하는 발언을 서슴지 않고 있다.

예를 들면 중학생의 비행이 증가하는 것을 보고, 어릴 때부터 예절교육을 엄격하게 하라고 외치는 사람들이다.

하지만 회초리 등 물리적인 체벌을 받은 아이가 사춘기를 지나면서 힘이 세지면 폭력을 행사할 확률이 높다는 것은 여러 연구를 통해 밝혀지고 있다. 그것은 신체적인 체벌이라는 부모의 행동이 아이의 모델이 될 뿐 아니라, 체벌을 받은 아이의 마음에 냉랭함과 잔혹함이 새겨지기 때문이다.

나는 체벌이란 힘 있는 자의 힘없는 자에 대한 폭력이라고 정의하며, 전면적으로 부정한다.

'사랑의 매'라는 말이 있는데, '사랑'은 관용의 마음이기 때문에 절대로 매를 들지 않는다. 그러므로 '사랑의 매'는 체벌을 가한 어른들의 자기변호가 아니고 무엇일까.

연구를 진행하면서, 자주 혼나고 체벌을 받으며 자란 아이가 부모가 되면, 역시 자기 아이를 많이 혼내고 체벌을 가하는 경우가 많다는 것을 알게 되었다. 자신도 모르게 엄마, 아빠의 영향이 아이 마음속에 각인되어 있다가 부모가 되면 말과 행동으로 표출되는 것이다.

부모 자신이 어떤지 자문하기

부모와 떨어지려는 준비는 이미 시작되었다

부모나 선생님들을 부정하는 것이 사춘기의 특징이다. 사춘기가 되면 아이들은 부모와 선생님들이 그동안 이야기해 왔던 것 특히 도덕적인 부분이 정말인지 아닌지 검증을 시작한다. 당연히 부모 말을 듣지 않는다. 그렇기 때문에 사춘기를 '제2반항기'라고 부르는 것이다. 그리고 자아에 눈뜨기 시작하면서 진짜 자신이 무엇인지 확립하게 된다. 드디어 자기 나름의 인생을 시작한다고나 할까.

그런데 요즘 아이들은 이 '제2반항기'가 거의 드러나지 않는다거나 아주 조금 밖에 표출하지 않는다. 심지어 존경하는 인물이 누구냐고 물으면 '아버지'라고 대답하는 아이들이 의외로 많다. 그것은 자발성 발달이 늦어져서 의욕이 자라지 않았을 뿐 아니라, 무엇이든 원하는 대로 들어주고 사주는 아버지를 존경하게 되는 경향이 생겨버렸기 때문이다.

인격적인 측면에서 볼 때, 그리 대단하지 않은 아버지를 보고 존경한다고 하는 것은 정말이지 어처구니없는 일이 아닐 수 없다. 부모의 인격을 뛰어넘어 훨씬 훌륭한 인격을 갖추려면 일단은 부모를 부정하고 비판하는 과정이 필요하다.

내 경우는 세 아이 모두 사춘기가 되면서 반항기를 겪었지만, 그렇게 심하지는 않았다. 그것은 그때까지 내가 아이들을 대할 때 설교나 잔소리를 하지 않았고, 자기 인생은 스스로 결정하도록 아이에게 맡기는 태도로 일관했기 때문이 아닐까 생각한다.

세 아이 모두 진학할 학교 선택도 직업 선택도 결혼 상대를 선택하는 것도 모두 스스로 결정했다. 나에게 무언가를 의논하려고 하면, "아버지는 구시대 사람이기 때문에 의논 상대가 되지 않으니 선배나 친구들에게 상담해 보라"고 대답했다. 아이들에게는 좋은 친구들이 많이 있었기 때문에 안심하고 지켜볼 수 있었다.

그리고 현재 세 아이 모두 사회 속에서 중견이 되어 활발하게 활동하고 있다. 부부 금슬도 좋고 아이를 키울 때도 혼내거나 체벌을 하지 않기 때문에, 여덟 명이나 되는 손주 모두 건강하고 밝게 잘 자라고 있다. 사촌들끼리도 물론 간혹 다툼이 있기는 하지만 주먹이 오가는 일은 전혀 없다. 여덟 녀석이 한데 어울려서 깔깔거리며 노는 모습은 그야말로 장관이다. 아이들 모두 의욕이 넘치고 생기발랄하기 때문이다.

엄마 반성 노트

아이에게 나도 지키지 못하는 것을 요구하고 있지는 않았나요?

제 6 장

자유와 방임의 차이

아이를
혼내기 전에

의욕의 구조

지금까지 이야기한 내용을 정리하면 다음과 같다. '의욕'은 '무언가를 하려고 하는 의지'라는 마음의 움직임이다. 이 마음의 움직임은 아이들 누구나 가지고 태어난다. 즉 누구에게나 의욕이 있으며 그것은 자발성 발달과 관계가 있다.

'자발성'이란 스스로 생각하기(자기 사고), 스스로 할 일(유아들의 경우에는 '놀이') 찾기(자기 과제 발견), 타인에게 의존하지 않고 행동하기(자기실현) 그리고 스스로 판단하기(자기 판단) 등이다. 다른 말로 하면 '독립심'이라고도 할 수 있다. 자발성이 순조롭게 발달하고 있는 아이는 분명히 의욕이 넘친다. 눈빛은 반짝반짝 빛나고, 생기 있고 활달하게 행동한다.

생기 있고 활달한 행동이란, 영유아일 때는 기어다니는 정도지만, 몸을 이동할 수 있게 되면 가장 먼저 장난이라는 형태로 표출한다. 아기들은 호기심을 느끼는 물건을 발견하면 손으로 만지기도 하고 입으로 가져가기도 한다.

아기들에게는 눈에 보이는 모든 것이 호기심의 대상이 되기 때문에, 그 행동들 대부분이 장난이라고 해도 좋을 것이다. 아동 심리학에서는 장난을 '탐색 욕구에 근거한 행동'이라고 이름 지으면서 그 의미를 인정하고 있다. 탐색 욕구란 어른으로 보면 연구심 또는 탐험이라고 말할 수 있다.

그러므로 연구심 풍부한 청년으로 키우고 싶다면 어릴 때부터 '장난'을 충분히 체험할 수 있도록 해야 한다.

장난을 허락한다고 해서 부모가 원하는 장난을 하지는 않는다. 아이는 자기가 호기심을 느끼는 대상에 도전하여, 그것을 만지작거리기도 하고 깨거나 망가뜨리기도 하면서 그 사물의 구조나 본질을 알고 싶어 한다.

그러므로 엄마, 아빠는 아이 스스로 생각해서 찾아낸 장난을 최대한 방해하지 않도록 노력해야 한다. 물론 어떤 실수를 해도 혼내서는 안 된다. 혼을 내는 것은 잘못을 저질렀을 때뿐이어야 한다. 장난이 잘못된 행동으로 나타나지 않는 이상 절대로 꾸짖어서는 안 된다.

더욱이 나의 경우는, 아이들이란 절대로 나쁜 행동을 하지 않는 존재이므로 혼내지 말아야 한다고 주장할 정도다.

통제가 되지 않는 장난꾸러기 진정 시키는 법

■

그럼에도 불구하고 아이의 장난에 부모가 난처해지는 경우가 종종 있다. 그럴 때는 아이에게 '엄마, 아빠가 너의 장난으로 난처해졌다'라는 사실을 분명하게 표명할 필요가 있다.

그 방법은 아이의 정서에 호소하는 것이다.

아이는 영유아 시기부터 서서히 정서가 발달한다. 특히 부모와 자녀 사이에 정서적 연결고리가 잘 이어져 있으면, 아이는 엄마와 아빠의 눈빛이나 표정 나아가서는 말투(음성)에서 부모의 기분을 헤아릴 수 있다.

나는 손주들이 심한 장난을 할 때 '할아버지가 너무 곤란하구나' 하고 호소를 했다. 녀석들은 내가 자신을 얼마나 사랑하는지 알기 때문에 나의 마음을 알아차리고 같은 장난은 더 이상 반복하지 않는다. 또한 물건을 깨거나 망가뜨리는 장난을 쳤을 때도 '이것은 할아버지가 아주 아끼는 거란다' 하고 마음을 솔직하게 표현했다. 그러면 아이들은 대부분 나에게 물건을 돌려주지만, 워낙 호기심이 강한 시기이기 때문에 돌려주지 않고 계속 만지작거릴 때도 있다. 그럴 때는 '그럼 이렇게 가지고 놀아 보렴' 하면서 최대한 조심히 다루도록 방법을 가르쳐주었다.

덕분에 여덟 손주들 중 누구도 내가 도저히 감당할 수 없는 심한 장난을 한 적은 없었다.

이렇게 마음과 정을 통해 아이들에게 호소를 하면, 엄마, 아빠가 난처할 만한 장난은 하지 않으려고 의식하게 된다. 그리고 나이를 먹으면서 이 장난으로 상대가 곤혹스러워 할 수도 있다는 판단을 하면 참을 수 있게 되는 것이다. 이것을 자기통제 능력이라고 부른다.

이 능력은 혼날까봐 참는다는 식의, 타인의 힘을 통한 통제와는 전혀 다르다. '혼날까 봐 하지 않는다' 하는 것은 혼내는 사람이 없는 장소나 상대가 혼내지 않는 사람이라는 것을 알았을 때는 판단력이 작용하지 않는다는 뜻이다. 즉 무슨 행동을 저지를지 모르는 아이가 되어버리는 것이다.

의욕은 자유로운 교육을 통해서 성장한다

자발성 발달이 순조롭게 이루어지고 있는 아이는 '장난' 이외에 '농담', '익살', '반항', '다툼' 등을 적극적으로 표출한다는 이야기를 했다. 이러한 일련의 행동을 표출하는 아이가 '착한 아이'다. 그러므로 지금까지 이런 행동을 보고 '나쁜 아이'로 단정 지어버렸던 엄마, 아빠가 있다면 생각을 180도 바꾸어서 아이를 혼내지 않는 부모가 되기를 바란다.

자발성 발달은 아이가 자유로울 때만 실현될 수 있다. 그 외에 다른 방법은 없다고 해도 과언이 아니다. 이렇게 말하면 자유와 방임을 혼동하는 부모들이 있는데, 참으로 안타까운 일이다. 그것은 부모 자신이 자유를 경험해본 적이 별로 없기 때문이다.

군국주의 시대에는 자유를 가리켜 나쁜 것이라고 정의했기 때문에, 자유주의자 대학교수들은 군부나 국수주의자에 의해 추방되었고 그들의 저서는 발매금지되기도 했다. 당시였다면 나의 저서들도 모두 발매금지되었을 것을 생각하니 절로 웃음이 새어나온다. 실로 무서운 시대를 경험한 나이기에 더욱 더 '자유'를 소중히 여기고자 하는 마음이 절실해지는 것이다.

하지만 교육학자 중에도 전후의 '자유방임 교육'이 아이들을 그르쳤다는 내용의 글을 쓰는 사람이 있는 것을 보면, 여전히 전쟁 이전 교육의 화근이 오늘날까지 잔존해 있다고 할 수 있으리라.

내가 주장하는 바는, 아이에게 절대적으로 '자유'를 주어야 하지만, 절대로 '방임'을 해서는 안 된다는 것이다. '자유'와 '방임'은 완전히 대립하는 개념이라고 확신하기 때문이다.

아이를 방임하는 것은 부모가 교육을 포기한다는 말이다. 따라서 부모와 자녀 사이에 정서적 고리가 연결되지 않아 정서 발달이 충분하지 않을 뿐 아니라, '배려하는 마음'이 결핍된 방종아 또는 비행을 일삼는 아이로 자라게 한다.

구김살 없는 아이를 키우는 엄마

■

아이를 자유롭게 하려면 어떻게 해야 할까. 아이 행동을 지켜보면서, 참견하지 않고 섣불리 도와주지 않는 육아법을 실천하면 된다. 아이를 지켜보고 있으면 저절로 참견을 하고 싶어지고 손이 먼저 나가기도 한다. 그것은 아이 행동이 미숙하고 꾸물거리고 어설프기 때문이다.

뿐만 아니라 아이를 도와주고 거들어주는 것이 친절한 아빠, 엄마라고 생각하는 부모들도 많다. 특히 할머니와 함께 사는 경우에는 그런 경향이 더욱 심해질 수밖에 없다. 아이를 도와주지 않고 지켜만 보고 있는 며느리를 냉정하고 야박하다고 비난하는 할머니도 있을 정도다.

하지만 무조건 아이를 도와주다보면 과잉보호가 되어 아이의 자발성 발달을 방해하는 꼴이 된다. 여기에 무조건적인 사랑이 더해지면 아이는 폭군처럼 난폭해지고 배려라고는 찾아볼 수 없는 아이로 자라게 될 것이다.

여기서 말하는 무조건적인 사랑이란 아이가 원하는 대로 물질적, 금전적 욕망을 채워준다거나, 아이가 해달라는 것은 무조건 해주는 육아법을 가리킨다.

아이에게 자유를 줄 때 무턱대고 참견하면 안 된다, 무조건 도와주면 안 된다고 했는데, 그렇다고 어떤 행동도 하지 말라는 뜻은 아니다. 아이가 가장 즐거워하는 것은 아빠, 엄마와 함께 노는 시간이기 때문이다. 다만 아이와 '놀아준다'는 식의 은혜를 베푸는 자세가 아니라, 아이와 함께 놀면서 엄마와 아빠도 즐거워지는 분위기를 만들어야 한다는 말이다.

그렇다면 어떤 놀이가 있을까. 어떤 놀이든 좋다. 꼭 규칙이 있어야 할 필요도 없고 대중적인 놀이를 할 필요도 없다. 나는 손주들과 놀 때 서로 장난도 치고 농담도 한다. 그렇게 놀아야 아이들도 즐겁고 나도 즐겁기 때문이다. 엄마, 아빠들 중에는 도무지 아이와

'노는 법'을 모르겠다고 하는 사람들이 많다. 그럴 때는 아이를 따라서 놀면 된다. 자발성 발달이 순조로운 아이는 그야말로 놀이 천재다. 늘 새롭고 다양한 놀이를 만들어낸다.

지난 30년 동안 초등학생을 대상으로 한 하계합숙에서, 한 아이가 허리 높이의 욕조(합성수지로 되어 있었다)에 손을 대지 않고 들어가서 바닥까지 가라앉는 '놀이'를 만들어낸 적이 있다. 나도 해보았는데 세 번 모두 실패했다. 모두들 연속 실패를 하고 있던 가운데 드디어 성공한 아이가 나타났다. 아이들은 모두 '대단해!' 하고 환호하며 진심으로 박수를 쳐주었다. 나도 어른인 내가 못한 것을 해낸 그 아이에게 박수를 보냈다.

만약 그 장면을 부모가 보았다면 어땠을까 생각해보았다. 아마도 그런 쓸데없는 짓을 하려거든 공부나 하라고 하지 않을까. 엄마 입장에서는 공부야말로 가장 가치가 있을 뿐, 이런 놀이는 아무 쓸모가 없는 것이다. 이것은 어른과 아이의 가치관 차이 때문이다. 우리 어른들은 아이의 가치관을 존중해줄 필요가 있다. 그렇지 않으면 아이와 즐겁게 놀 수가 없다.

아이와 즐겁게 놀기 위해서는 아이의 즐거움을 '공감'할 수 있어야 한다. '공감'은 '배려'다. 이 '배려하는 마음'의 표출을 방해하는 것이 바로 예절 의식이다.

예절에는 틀이 있기 때문에 이 틀에서 벗어난 아이의 행동을 보면 압력을 가하고 싶어진다. 연신 아이 행동에 참견하는 부모가 되어 간섭과 명령을 하면서 아이의 자발성 발달에 압력을 행사하고 마는 것이다.

아이는 부모를 비추는 거울이다

풍부한 창의력을 가진 아이로 키우기 위해

틀에서 벗어나 신선하고 창의적인 것을 만들어 내는 힘이 바로 창조성이다. 물론 지금까지도 창조성은 중요하게 여겨왔지만, 미래는 더욱 더 창조성이 풍부한 인재를 필요로 한다.

창조성을 통해 세상에 도움이 되는 인물이 탄생하는 것이다.

그러기 위해서는 절대로 아이를 예절이라는 틀에 몰아넣어서는 안 된다. 아이에게 '자유'를 주고 '자유롭게' 생각하며 행동할 수 있도록 해야 한다. '자유롭게' 생각하다보면 문득 깨닫게 되는 것, 그것이 바로 창조성의 표출이다. 예절이라는 틀 속에 갇힌 아이는 이러한 능력이 말살되어 버린다고 해도 과언이 아니리라.

많은 아이들이 사춘기가 되면 등교거부를 하기도 하고 정신질환이나 심리적 치료를 필요로 할 만큼 고통 속에서 살아가는 것도 이 때문이다. 이 얼마나 무서운 일인가.

나는 계속해서 '예절교육 무용론'이라는 폭탄 발언을 사회에 던지고 있다. 왜냐하면 '자발적이고', '창조적인' 인격을 가진 사람을 많이 만들어내고 싶기 때문이다.

무엇보다, 예절의식이 강한 부모일수록 아이를 혼내고 강요하는 경우가 많기 때문에 더욱더 혼내지 않는 교육을 제창하고 몸소 실천해왔다. 내가 그럴 수 있었던 것은 나의 어머니도 또 어머니의 아버지도 아이를 전혀 혼내는 분이 아니었기 때문에, 나도 모르게 그 이미지가 마음속에 깃들어 있었던 덕분이다.

공부를 시작하고 게젤이라는 미국 학자의 책을 읽으면서, 아이의 발달은 진퇴를 반복하면서 실현된다는 것과, 아이 행동의 대부분은 정상범위에 있기 때문에 어른이 보면 당혹스러운 행동도 아이 나름으로는 의미가 있는 것임을 배웠다. 나 역시도 아이를 키울 때 '이런 행동은 혼내야 하지 않을까' 생각이 들어서 게젤의 책을 펼쳐보면, 정상적인 행동이라는 것을 알고 그 순간에 혼내지 않아서 다행이라고 느낀 적이 종종 있다.

부모라면 당연히 아이가 어떻게 발달해가는지 진지하게 공부를 해야 하지만, 그럴 만한 기회를 얻지 못하기도 하고 아예 노력을 하지 않는 사람들이 압도적으로 많다. 나는 개인적으로, 부모가 될 계획이 있는 젊은이들은 아이의 발달 과정에 대한 국가시험을 치르고 거기에 합격한 사람만 부모 자격증을 주어야 한다고 주장하기도 했다. 그래야만 부모라는 이유로 무조건 아이를 혼내거나 윽박지르는 일이 발생하지 않기 때문이다.

정작 아이는 순조롭게 발달해가고 있는데 전혀 이해가 가지 않는 논리로 부모가 혼을 내면, 아이는 마음에 큰 상처를 입고 응어리가 생겨버린다. 정말 가엾지 않은가.

문제 행동은 마음의 상처 표현

나는 '유희요법'을 실시하면서, 마음을 다치고 응어리가 맺힌 아이는 여러 가지 문제 행동을 일으킨다는 것을 정확하게 알아냈다.

유희요법을 하면 아이와 친해지고 아이가 먼저 나를 찾는다. 그렇게 되려면 절대로 아이를 나무라거나 혼내서는 안 된다. 나는 이 유희요법 덕분에 아이를 혼내지 않는 비법을 터득했다고 자부한다. 나에게 친밀함을 느끼고 나를 좋아하게 된 아이는 나에게 마음을 열어준다.

나무 블록으로 무덤을 만들고 그 안에 아버지의 인형을 넣는 놀이를 하는 아이가 있었다. 그 모습을 보면서 아이가 아버지에게 큰 폭력과 괴롭힘을 당하고 있음을 알 수 있었다. 또 한 아이는 아기 인형을 발로 밟으면서 놀고 있었다. 동생이 태어나면서 엄마와 아빠가 아이에게 소홀해졌다거나 늘 혼나고 구박받았던 마음이 행동으로 나타난 것이다.

놀이뿐 아니라 그림을 통해서도 아이가 부모와의 관계에서 힘들어하고 괴로워하고 있다는 심리를 알 수 있다. 즉 아이가 보이는 문제 행동은 부모로 인한 마음의 상처와 응어리 때문에 힘겨워하고 있다는 빨간불임이 분명해진 것이다.

아이가 나쁜 것이 아니라 아이를 괴롭히는 부모가 문제다. 그런 부모는 상담이 절대적으로 필요하다. 아이는 절대로 혼내서는 안 되며, 아이에 대한 처벌은 부모 자신의 교만과 변명에 불과하다는 것을 알아야 한다. 상담을 통해 그 교만한 마음을 순화하고 겸허한 부모가 되기 위한 노력을 시작하는 자세야말로, 아이의 인격 형성에 가장 중요한 첫걸음이다.

그것은 또한 '아이를 경외하고 존경하는 자세를 어떻게 실현하는가' 하는 문제와 직결된다.

나는 아이의 잠든 얼굴을 물끄러미 바라보는 것도 하나의 방법이라고 생각한다. 천사 같은 아이의 잠든 모습에서 감사함을 느낄 수 있다면 부모는 절로 두 손을 모으게 되지 않을까. 그동안 아이를 꾸짖고 혼냈던 자신을 반성하며 아이에게 '미안해'라고 사죄하는 마음이 들지 않을까.

'동심' 즉 아이의 마음은 순진무구하다. 어떤 추악함도 부정도 없다. 그에 반해 우리 어른은 얼마나 추악하고 불결한 존재들인가. 자신의 마음 깊은 곳에 숨겨진 수많은 욕망들을 직시하라. 그 욕망을 보면서 자신을 반성해야 만이 교만한 마음에서 구원을 받을 수 있다. 그제야 비로소 아이를 낳고 키우는 행복을 맛볼 수 있을 것이다.

자유가 키우는 분별력과 책임감

내가 연신 아이에게 자유를 주자, 아이에게 예절교육을 하지 말자라고 하니까, 그럼 아이에게 분별력을 가르치지 않아도 된다는 말이냐는 질문을 많이 받는다. 그런 질문을 하는 사람들 대부분은 예절주의자다. 자기 말을 순순히 따르는 아이를 바라고 있거나, 틀에 갇힌 착한 아이를 기대하고 있거나 둘 중 하나다.

그런 부모들은 '틀'만 중요시할 뿐, 아이의 '마음'을 가꾸고 키우는 일에는 관심이 없다.

체면 따지기에 급급하고, 아이를 무조건 엘리트 코스로 밀어 넣으려고도 한다. 입으로는 아이의 행복을 바란다고 하지만, 그 행복은 진정한 행복이 아닌 외형적인 것에 불과할 뿐이다.

진짜 행복은 자기답게 사는 것이며, 그것을 위해 인생이라는 여행길을 걸어가는 것이다. 엘리트라고 말할 수 없는 결과를 초래할 수도 있고 경제적으로 힘든 상황을 불러올지도 모른다. 그러나 자기답게 살아가고 있는 청년과 이야기를 나누어보면 그들은 '의욕'이 넘치고, 자기 스스로 찾아낸 대상에 몰입할 줄 안다.

그런 청년의 성장과정을 살펴보면, 아이를 '자유롭게' 키운 부모의 존재가 있었음을 알 수 있다.

아이에게 자유를 주는 것과 그 인생을 풍부하게 하는 것이 서로 통한다는 사실을 입증한 셈이다. 아이의 인격형성에 있어서 그리고 인간에게 있어서 자유만큼 귀중한 것은 없다. 물론 아이에게 자유를 주는 것과 방임하는 것을 정확하게 구분하지 않으면 안 된다.

진정으로 '자유롭게' 자란 아이는 책임 능력도 탁월하게 자란다. 책임 능력이 자라는지 어떤지 확인해보고 싶지 않은가.

단 여기서 말하는 책임 능력은 타인의 명령을 수행한다는 개념이 아니다. 동양에서는 상사나 타인의 지시를 잘 따르는 사람을 책임감이 강하다고 표현하는 경향이 있다. 서양에서는 자신의 말과 행동에 책임을 지는 사람을 책임감이 강하다고 한다. 다시 말해서 나의 경우는 이 책에 쓴 내용 또는 강연회에서 말했던 부분에 대해 책임을 졌을 때 책임감이 강하다고 할 수 있는 것이다.

책임감이 강한 사람은 다른 사람이 하는 말에 휩쓸리지 않는다. 자신이 직접 경험하고 체험한 것을 기반으로 판단한다. 특정 현상에 대한 이론을 수립해야 하는 연구자 역시 어디까지나 자신의 체험을 바탕으로 해야 한다. 본인이 직접 겪었기 때문에 책임을 갖고 이론을 피력해 나갈 수 있는 것이다.

도전하는 자세

아이에게 다양한 체험의 기회를 주자

책임감이 자신의 체험을 기반으로 한다면, 아이가 최대한 많은 체험을 할 수 있도록 환경을 마련해주는 것이 얼마나 중요한지 이해가 갈 것이다. 아이 마음속에는 본래 자발성이 갖추어져 있을 뿐 아니라 호기심도 강하기 때문에, 아이는 이런저런 체험을 하고 싶어 한다. 아이의 의욕적 활동에 자유를 주는 것 즉 최대한 간섭하지 않고 과잉보호하지 않도록 노력하는 자세야말로 가장 바람직한 육아법이라고 하겠다.

절대로 실패를 혼내지 말자

물론 아이의 체험 과정은 실패를 동반한다. 그러나 실패는 더 이상의 실패를 용납하지 않기 위해 다시 도전하려는 의욕으로 이어진다. 예를 들면 자발성이 순조롭게 발달한 아이의 경우는 초등학교 2, 3학년이 되면 모험에 도전하려고 한다.

엄마가 아이에게 테이블 위에 놓인 밥그릇을 '주방으로 가져다 주겠니' 하고 주문을 했다고 하자. 그런데 '알겠어요'라고 대답한 아이가 갑자기 접시 위에 밥그릇을 올리더니, 마치 국수집 아저씨가 국수 그릇을 여러 개 겹쳐서 드는 것처럼 접시를 어깨 높이로 들어 올리고 옮기려고 하는 것이 아닌가. 이 광경을 본 엄마, 아빠는 아이에게 어떤 말을 할까. 아마도 '잠깐만' 또는 '그렇게 하면 안 돼' 하고 행동을 제지하려 하지 않을까.

그것은 그릇을 떨어뜨리면 큰일이라고 생각하는 마음 즉 아이의 실패를 두려워하는 마음이 있기 때문이다. 그리고 가만 두면 아이가 버릇이 없어지지는 않을까 하는 불안함도 있으리라. 어떤 식으로든 아이를 말리고 참견하는 부모들이 대부분일 것이다.

그러나 나는 아이가 그런 행동을 해도 절대로 말리거나 참견하지 않는다. 왜냐하면 아이의 마음을 이해하기 때문이다. 아이는 진작부터 국수집 아저씨 행동에 호기심을 느끼고 있었으며, 나도 해보고 싶다는 욕구를 갖고 있었던 것이다. 이런 욕구를 갖고 있는 아이는 순조롭게 자발성이 발달하고 있다고 보면 된다.

아이는 본인에게 그것을 실행할 만큼의 운동능력이 없다는 것을 자각하면 아예 시도하지 않는다. 그런데 지금쯤이면 할 수 있을 것 같다고 생각하고 있던 차에 엄마가 심부름을 시킨 것이다. 그야말로 기가 막히게 찾아온 모험에의 '도전'이다.

다시 말해서 아이가 시도하려고 한다는 것은 운동능력이 발달했다는 것을 의미하기 때문에, 나에게는 정말로 반갑고 기쁜 일이 아닐 수 없다. 무사히 옮길 수 있기를 기원할 뿐이다. 그리고 아이가 무사히 임무를 완수했을 때 나는 기쁨을 표현할 것이다. '정말 잘 했구나' 하고 칭찬을 할 것이다. 그러면 아이는 '그것 봐요. 잘 할 수 있죠?' 라고 대답하지 않을까.

성공에 대한 만족감의 표현이다. 그렇기 때문에 나는 아이에게 맡기기로 한 것이다.

아이는 두세 번 똑같은 모험에 도전해보고 자신감이 붙으면 국수집 아저씨를 흉내 내는 번거로운 행동은 더 이상 하지 않는다. 말하자면 졸업을 한다.

그런데 엄마, 아빠가 '잠깐만' 하고 제지했는데도 아이가 이를 무시해버리면, 부모는 자기 말을 듣지 않았다는 사실에 화가 나서 아이를 혼낸다. 아이가 그릇을 깨지 않고 잘 옮겨도 기쁨을 표현하기는커녕 '부모 말을 듣지도 않고'라며 투덜거릴 것이다. 아이는 성취감을 마음껏 누릴 수가 없다. 기쁜 마음으로 엄마를 도왔는데 오히려 꾸지람을 들었다는 것에 불만을 갖게 될지도 모른다.

만약 아이가 그릇을 옮기다가 떨어뜨려서 깨뜨렸다면 엄마, 아빠는 어떤 반응을 보일까. 화를 내며 큰 소리로 꾸짖을 것이다. "그래, 그것 봐라" 이렇게 말하는 엄마, 아빠들이 압도적으로 많으리라. “엄마, 아빠가 주의를 주었는데도 듣지 않더니 결국 실패했구나”라며 아이를 책망하려는 심리일 것이다.

‘그래, 그거 봐라’라는 말에는 ‘꼴좋다’라는 비아냥거림이 포함되어 있다. 아이 스스로 ‘큰일났다, 실패했다’고 느끼도록 구석으로 몰아넣는 것이다. 결국 아이는 강한 열등감을 느낄 수밖에 없다. 개중에는 “네가 저질렀으니까 네가 치워” 하고 아주 고약한 말을 내뱉는 엄마, 아빠도 있다. 상대가 자기 아이니까 그런 말을 하지, 손님이나 어려운 사람이라면 절대로 그런 폭언을 입에 올리지 않으리라.

이럴 때 자발성이 순조롭게 발달하고 있는 아이는 ‘말대꾸’를 할 것이다. “엄마도 그랬으면서 뭐.” 엄마가 설거지를 하다가 그릇 깨는 것을 본 적이 있기 때문이다. 아이가 그렇게 말하면 엄마의 기분은 어떨까. 아이에게 어떻게 말을 할까. 대부분의 엄마들은 “엄마한테 무슨 말버릇이니” 하고 화를 내면서 아이를 혼내거나 쥐어박지 않을까.

이는 봉건시대의 ‘부모는 하늘이다’라는 교만하고 우월한 의식 탓이다.

겸허한 엄마와 아빠는 자신도 실수와 실패를 많이 한다는 것을 인정한다. “그러고 보니 엄마도 그런 적이 있구나” 하면서 아이의 지적을 순순히 인정한다. 부모도 여러 가지 미숙한 면이 있지 않겠는가. 그 사실을 솔직하게 인정해야만 진정한 의미로 아이의 순수한 마음을 키워줄 뿐 아니라, 아이에게 반성하는 태도를 가르칠 수 있다.

자기반성 능력은 인간으로서의 삶의 방식에 있어서 매우 중요하다.

자기반성 능력을 갖춘 아이는, 나이를 먹으면서 자신의 실수나 실패가 다른 사람에게 폐를 끼쳤다는 것을 아는 순간 스스로 "미안합니다"라고 말한다. 이는 혼나고 나서 "미안합니다"라고 말하는 것과 전혀 의미가 다르다. 자발적인 사과이기 때문이다.

그렇다면 아이가 그릇을 떨어뜨려서 깨졌을 때 나는 어떤 말을 할까. "다음에는 좀 더 잘하자"라고 말한다. 절대로 실패를 추궁하지도 혼내지도 않는다. 하루라도 빨리 국수 그릇을 여러 개 번쩍 들어 올리는 아저씨처럼 운동능력이 발달해서, 멋진 경험을 할 수 있게 되기를 바랄 뿐이다.

그런 다음 아이와 함께 깨진 그릇을 정리하면서 그 방법을 가르쳐줄 것이다. 유리로 된 그릇은 신문지에 싸서 버린다거나 작은 파편들은 테이프로 제거한다는 것을 아이와 함께 하면서 보여준다. 그리고 아이에게 그릇을 옮기는 기회를 다시 준다. 지난번의 실패를 성공 체험으로 대체하면서 아이에게 자신감을 심어주기 위함이다. 이러한 자신감은 앞으로의 아이 인생에 귀중한 자산이 될 것이다.

우리 할아버지

손주 아이가 초등학교 6학년 때 자그마한 책자에 썼던 '우리 할아버지'라는 글은 나에게 큰 감동을 안겨주었다. 여기서 그것을 소개하려고 한다.

우리 할아버지는 아주 따뜻한 분입니다. 화내시는 것을 한 번도 본 적이 없습니다. 속으로는 화가 나셨는지 모르지만, 절대로 얼굴에 티를 내지 않으십니다.

할아버지는 눈이 처져 있는 것처럼 보일 정도로 항상 싱글벙글 웃습니다. 화를 낼 일이나 슬픈 일이 전혀 없는 것처럼 보입니다. 사람이니까 한 두 번은 화가 날 수도 있을 것입니다. 그런데 어떻게 화를 내지 않을 수 있을까요.

내가 아주 어렸을 때 할아버지 방문을 발로 차서 유리를 깬 적이 있습니다. 그런데 할아버지는 깨진 유리는 눈길도 주지 않고 나에게 "아프지 않니?" 하고 물었습니다. 단단히 혼날 거라고 생각했는데 완전히 정반대 말씀을 하시는 것을 보고 너무 놀랐습니다. 그리고 너무 다행이라고 생각했습니다.

할아버지와 할머니 두 분 모두 늘 바쁘게 일을 하시기 때문에 유리가 깨지면 유리가게 아저씨도 불러야 하고 청소나 뒷정리도 많아집니다. 게다가 수리비도 많이 들어갈 겁니다. 하지만 할아버지는 그것에 관해 어떤 말씀도 하지 않으셨습니다.

이 일은 그나마 작은 사건으로, 거의 기억이 나지 않지만, 그동안 이런 일들이 정말 많았을 겁니다.

할아버지 댁에서는 무슨 행동을 해도 혼이 나지 않기 때문에 무엇이 좋은 일이고 무엇이 나쁜 일인지 잘 모릅니다. 하지만 할아버지가 난처해 하시는 모습을 보면, 절대로 이런 장난을 하면 안 되겠구나 하는 것을 알았습니다. 반대로 기뻐하시는 모습을 보면 이것은 좋은 일이라는 것을 알았습니다.

우리 할아버지는 스스로 생각하고 스스로 행동하는 분이셨고, 우리도 그런 사람이 되기를 바라십니다. 그렇기 때문에 간단히 타인의 행동을 비판하거나 제한하지 않는 것 같습니다.

나는 할아버지가 행복해하는 얼굴을 보는 것이 너무 좋습니다.

아이에게 '미안해'라고 말할 수 있는 엄마

사람들은 부모로서의 권위가 있어야 한다고 말한다. 그러므로 아이에게 사과를 할 필요가 없다고 한다. 그런데 과연 그렇게 말하는 사람들은 부모의 권위에 대해 정확하게 알고 있는 것일까. 나는 권위와 권력은 전혀 다른 개념이라고 생각한다.

권력이란 다양한 방면에서 힘이 있는 사람이 힘없는 사람에게 명령을 하거나 위협을 가하는 행위다. 엄마나 아빠가 아이에 대해 "부모한테 무슨 말버릇이니"라고 말하는 것은, 부모의 위대함을 과시하는(위협을 가하는) 행위 즉 권력을 휘두르는 것에 불과하다.

아이 입장에서는 부모가 키워주고 지켜준다는 약점이 있기 때문에, 엄마와 아빠가 하는 말이 모순되고 부조리하다고 해도 따를 수밖에 없는 상태로 내몰린다.

사실은 아이 자신이 그런 약점을 느낄 필요가 전혀 없는데도, 시도 때도 없이 부모가 그런 말을 하기 때문에 자기도 모르게 세뇌가 되어버린다. 아이를 그런 감정으로 내몰아가는 부모야말로 권력적이라고 해야 하지 않을까.

진정한 권위란, 본인은 자각하지 못하지만 주변 사람들이 그를 존경하고 경애하는 마음을 절로 갖는 것이다. 그런 사람은 늘 겸허하다. 절대로 상대를 위협하거나 으름장을 놓지 않는다. 그리고 상대의 이야기에 귀를 기울이고 존중한다.

나는 이 세상의 모든 엄마와 아빠들이 아이에 대해 겸허해지기를 소망한다. 결코 아이를 위협하지 않기를 바란다. 진정 권위 있는 부모는 아이에게 진심으로 사과한다. "미안하구나"라는 말이 주저 없이 나온다.

그것은 부모 자신의 인격이 미숙할 뿐 아니라, 자신도 모르게 추악하고 부정한 마음을 품게 되었다는 것을 인지했기 때문이다. 부모가 자신의 인격을 성찰하고 마음 깊은 곳에 숨어 있는 욕망을 느낀다면 얼마든지 가능한 일이다.

그토록 미숙하고 세속적인 엄마, 아빠가 아이를 키우고 가르치려고 하다보니, 당연히 '미안해'라는 말을 해야 할 상황이 많을 수밖에 없지 않겠는가. 그런 마음과 인격이 쌓이면 권위가 되는 것이다.

그러므로 권위 있는 인격의 소유자가 되려면 권력적인 부분을 줄여나가려는 노력이 필요하다.

주눅들지 않는 아이

'예절교육 무용론'을 제창하고 혼내지 않는 교육을 주장하다 보면, "아이에게 예의라는 것을 어떻게 가르치면 좋을까" 하고 물어오는 부모들이 있다. 그들이 바로 예의범절주의자다.

예절교육에는 크게 두 종류가 있다. 한 가지는 명령적 압력에 의한 것이다. "○○를 하렴", "○○를 해서는 안 돼" 이런 식으로 명령적인 말로 예절교육을 한다. 이런 명령을 순순히 따르다보면 아이의 자발성 발달은 압력을 받게 되어 자기문제 발견은 물론이고 자기 판단, 자기실현도 할 수 없는 아이가 되어 버린다. 어른의 지시나 주문이 없으면 아무런 행동도 하지 못하는 것이다.

유치원에서 선생님에게 "○○해도 되요?" 하고 묻지 않으면 아무것도 하지 못하는 아이가 있다. 그 아이의 엄마는 분명히 "항상 선생님께 물어보고 하렴"이라고 교육을 할 것이다.

결국 그런 아이는 스스로 생각해서 놀이를 발견하거나, 친구들과 함께 또는 혼자서 놀이를 전개하지 못한다. 선생님이 "혼자서 생각해보세요"라고 하면 어찌 할 줄을 몰라서 멍하니 서 있거나 주변만 어슬렁거릴 뿐이다.

명령과 압력에 의한 예절교육은 아이를 소심하고 나약하게 만든다. 부디 이런 교육은 하지 않기를 바란다.

또 한 가지는 타인을 끌어들이는 유형의 예절교육이다. "선생님한테 혼난다", "아빠한테 혼날 줄 알아"라는 식으로 아이에게 겁을 주는 교육방법이다. 이런 예절교육은 서양에서는 찾아볼 수 없는 동양만의 독특한 방식이다. 이런 교육을 받은 아이는 늘 주눅이 들어 있다.

다시 말해서 항상 사람들이 자신을 어떻게 평가할지 걱정이 되어 아무것도 하지 못하는 아이로 자라게 되는 것이다. 주눅, 즉 타인이 자신을 어떻게 생각하는지 의식하는 습성은 서양에는 없는 동양 성인들의 독특한 의식이라고 하겠다.

서양 부모들은 아이 스스로 생각해서 'YES'나 'NO'를 분명하게 말할 수 있도록 키우려는 의식을 가지고 있으며, 아이에게도 그것을 원한다. 그렇기 때문에 아이의 "싫어요!"라는 표현도 존중해준다.

자기주장을 하지 않는 아이

십 년 정도 전에 개인적으로 두 달 동안 독일어권에서 생활한 적이 있는데, 당시 친한 친구들과 어울리면서 즐겁게 보냈다. 어느 날 네 가족이 레스토랑에 갔다. 유럽의 레스토랑은 메뉴판을 손님 각자에게 준다. 그것은 각자가 스스로 생각하고 주문을 하라는 뜻에서다. 즉 개개인의 자기결정을 존중한다는 의미다. 그러다보니 열 명이면 열 명 모두 다른 메뉴를 주문하는 경우도 종종 있다.

마침 일곱 살짜리 여자 아이가 있었는데, 그 어린 아이가 디럭스 야채 모둠 요리를 주문하는 것이 아닌가. 하지만 딸아이의 부모는 그녀의 주문을 존중해주었다. 내 옆에 있던 아이 엄마가 딸아이가 육류 요리를 싫어한다며 귀띔을 해주었다. 그리고 자신의 고기 요리를 조금 썰어서 아이의 야채 요리 위에 얹었다.

그 후 일본으로 돌아와서 다른 가족과 함께 중화요리를 먹으로 갈 기회가 있었다. 메뉴판이 한 개밖에 없자 "선생님, 먼저 고르십시오" 하면서 일행 중 한 사람이 나에게 메뉴판을 건넸다.

나는 내 취향과 경제적 상황을 고려해서 주문을 했다. 자, 과연 어떻게 되었을까. 거기에 모인 사람들 모두가 "저도", "저도요" 하면서 내가 고른 메뉴로 통일을 하는 것이었다. 나는 어쩌면 이렇게도 획일적일 수 있을까 내심 놀랐다.

그때 함께 온 일곱 살짜리 사내아이가 다른 메뉴가 먹고 싶다고 말했다. 나는 자기주장을 확실하게 표현할 줄 아는 '착한 아이'라고 생각하며 기분이 좋았다. 그런데 옆에 있던 아이 아빠가 다른 사람들과 똑같은 메뉴를 주문하지 않는 아들에 대해 "제멋대로구나"라며 혼을 내는 것이었다.

나는 인간으로서의 행동 기준을 정해 놓은 채, 거기에 순순히 따르는 아이를 '착한 아이'로 평가하고, 반대로 거기에 따르지 않는 아이를 문제로 삼는 암묵적 법칙을 비로소 확실하게 이해할 수 있었다.

우리 사회에는 아이의 행동을 평가하는 기준들이 너무나 많다. 그것은 봉건시대(종적사회)의 법칙을 재현하고 있을 뿐이다. 그 법칙은 아이의 개성에 압력을 가한다. 오늘날에도 획일적인 교육 속에서 개성이 무시되거나 부정적으로 취급받는 경우가 비일비재하지 않은가. 그것은 교육계가 여전히 종적사회를 답습하고 있으며, 아이의 개성을 존중해 주는 교사들이 소수인 탓이다.

그러한 상황이 존속하고 있는 것은 결국 사회에 봉건적 의식을 가진 지도자들이 넘쳐 나고 있기 때문이다. 이런 의식을 하루아침에 뒤바꿀 수는 없다. 당연히 오랜 시간이 필요하다. 그러나 시간이 걸리더라도 민주적인 사회를 만들기 위해 노력해야 한다. 민주적인 교육 실현을 향해 큰 목소리로 외치지 않으면 안 된다.

히라메 합숙을 하는 아이들

히라메 합숙이란 무엇인가

내가 합숙을 시작하려고 한 것은 여러 가지 문제를 안고 있는 아이들의 치료교육을 실시하고 싶었기 때문이다. 1955년부터 31년 동안 구舊서독의 소아과 치료교육 병동에서 치료교육학을 공부했다. 그리고 그것이 얼마나 중요한지 인식하게 되었다. 귀국 후 소아과 교수들을 찾아다니면서 그 내용을 전달하고 치료교육 병동을 만들 것을 설득했지만, 아무도 관심을 가져주지 않았다. 하는 수 없이 짧은 기간이라도 내 나름으로 실시해보고 싶다는 생각에 시작하게 된 것이, 초등학생을 대상으로 한 하계 합숙 프로그램이었다.

제1회는 야뇨증 아이들만 데리고 합숙을 했는데 매우 즐거운 경험을 할 수 있었다. 아이들 중 절반은 합숙 중에 한 번도 자면서 소변을 보지 않았지만, 나머지 절반의 아이들은 여전히 수도꼭지를 틀어놓은 것처럼 이불에 실례를 했다.

그 당시만 해도 세탁기가 보급되기 전이었기 때문에, 도저히 이불 빨래를 감당할 수 없어서 지속할 수 없게 되었지만, 야뇨증과 정신적 문제의 연관성을 생각해 보는 좋은 계기가 되었다.

두 번째는 식사에 문제가 있는 아이들과 함께 합숙을 했다. 소식과 편식 때문에 골머리를 앓는 아이들이었다. 그때도 역시 흥미로운 체험을 했다.

두 번의 합숙을 실시하면서 소극적이거나 의욕이 없는 아이들에 대한 합숙 효과에 관해서 고민해보았다. 연이어 이 아이들을 우선적으로 데리고 합숙을 실시한 결과, 소극적인 아이에도 세 가지 유형이 있다는 것을 알게 되었다.

첫 번째는 과잉보호 탓에 집단생활에 적응하지 못하는 아이로, 이들은 어른들에 대한 의존 성향이 강하다.

두 번째는 부모가 지나친 간섭을 하는 바람에 왜곡된 '착한 아이'의 틀 속에 갇혀서 자유롭게 행동하지 못하는 아이들이다. 합숙 기간 동안 큰 문제는 없었지만 장난을 친다거나 싸움을 하는 친구들 사이에 끼지 못하고 방관만 하고 있었다. 그것은 장난이나 싸움을 하면 나쁜 아이로 보일까봐 두렵기 때문이다.

마지막 한 가지는 집단생활 경험이 거의 없어서 어떻게 행동해야 할지 몰라 당황해 하거나, 혼자 노는 것에 익숙해져서 친구들과 함께 놀지 않는 아이들이다.

이런 연구는 훗날 등교거부를 하는 아이를 연구할 때 중요한 참고가 되었다. 특히 등교거부에도 만성형과 급성형이 있다는 것을 알게 된 것은 큰 소득이라고 하겠다.

합숙 초기에는 시간표를 기존의 다른 합숙들처럼 어른들이 정했다. 예를 들면 일과표를 짤 때 아침 6시 반 기상, 세면과 양치질 그리고 체조 등 어른이 아이에게 제시하고 준수하도록 한 것이다.

그러나 합숙을 거듭하면서 이런 지시사항들이 결국은 어른들의 편의를 위한 것임을 깨달았다. 그래서 마지막 10년 동안 최대한 어른들이 관리하지 않는 상황을 만들기 위해 노력했다. 다시 말해서 아이들에게 자유를 주는 방향으로 고민하게 된 것이다.

결론적으로 다음 네 가지를 실행하기로 했다. ① 아이에게 일과를 정해주지 않는다. 즉 몇 시에 일어나도 좋고 몇 시에 자도 좋다. 모든 것을 아이에게 맡기기로 했다. ② 모든 금지사항을 없앤다. ③ 어떤 행동을 해도 아이를 혼내지 않기로 동료들과 약속했다. ④ 아이들이 응석을 부릴 때는 언제라도 그것을 받아준다.

정리정돈을 하지 않는 아이들

■

합숙을 하면 아이들은 있는 그대로의 모습을 보여준다. 덕분에 나는 아이에게서 배울 수 있게 되었다. 그 결과, 영유아기 때 일찌감치 생활습관을 익혀서 자립한 것처럼 보였던 아이들이, 사실은 자립한 것이 아니었음을 알게 되었다.

자유를 만끽하는 아이들 대부분은 세수도 하지 않고 양치질도 하지 않는다. 정말 자립했다면 누가 시키지 않아도 스스로 알아서 한다. 이것저것 지시하는 사람이 없는 상황에서 생활습관을 제대로 지키지 않는다는 것은 아직 자립하지 못했다는 사실을 의미한다.

스스로 알아서 세수도 하고 양치질도 하는 아이가 정작 친구들과는 어울리지 못하는 경우가 있다. 그것은 예의범절에 얽매어 있기 때문이다. 자립적으로 생활습관을 실천하고 있는 것처럼 보이지만, 강박관념 때문에 억지로 나오는 행동에 지나지 않는다.

물론 정리정돈은 기대도 할 수 없다. 아이들 방은 지저분하기 짝이 없다. 왜냐하면 청소하라고 지시하는 어른이 없기 때문이다. 아이들은 지저분하다는 사실에 대해 전혀 무관심하다.

나는 아이들과 생활하면서, 정리정돈은 남의 시선을 의식한 허세이며 청소라는 행위에는 창조적인 면이 거의 없기 때문에, 창조적인 아이일수록 정리정돈을 하지 않는다는 것을 알게 되었다. 창조성으로 보면 오히려 정돈을 하지 않는 아이가 '착한 아이'인 셈이다.

그룹을 만들어서 정리정돈에 관한 연구를 시작한지 5년이 되었는데, 결론적으로 말하자면 정리를 잘 해야 한다는 예의범절에 얽매일 필요가 없다는 것이 분명해졌다. 그리고 부모가 목표로 해야 할 것은, 부모가 주체가 되어 아이와 함께 청소를 하고 난 후 상쾌하고 홀가분한 기분을 즐기는 정도면 충분하다는 것도 알았다. 아이가 사춘기가 되고 스스로 자신의 아름다움을 가꿀 수 있게 되기를 기다리면 되는 것이다. 오히려 어릴 때부터 청소에 집착하는 아이는 정신적인 문제가 있다고도 볼 수 있다.

학교에서는 문제아, 합숙에서는 생기 넘치고 열심인 아이

■

'히라메 합숙'에서는 가장 생기발랄하게 놀고 즐기는 아이가 학교에서는 문제아로 평가받고 있는 경우가 많다.

료짱이라는 친구는 5년 동안이나 '히라메 합숙'에 참가했다. 처음에는 료짱의 오빠가 합숙에 참가한 이후 의욕 넘치는 아이로 변했기 때문이었다. 후에는 료짱이 학교에서 문제아로 불리며 걸핏하면 엄마가 선생님에게 불려가는 일이 벌어지는데 반해, 우리 합숙에서는 가장 아이다운 아이로 높은 평가를 받았기 때문에 5년이나 참가하게 되었다.

료짱 어머니의 말을 빌리자면, 365일 중에 칭찬을 듣는 것은 오로지 이 합숙에 참가하는 날뿐이라고 했다. 어머니 역시 더 이상 학교 선생님의 평가를 마음에 두지 않고, 료짱의 아이다운 장점을 인정할 수 있게 되었다.

그런 점에서 볼 때, 학교 선생님은 아이 어른을 원하고 아이에 대해 그릇된 평가를 하고 있는 경우가 많다. 그리고 엄마, 아빠 역시 그들에게 동조하고 있는 셈이다.

다시 한 번 아이다운 아이의 모습은 어떤 것인지 선생님과 부모들이 모여서 토론해볼 필요가 있지 않을까. 그런 면에서 이 책이 작은 도움이 되기를 바라는 마음이다.

아이에게 무슨 일이든 도전하게 하자

'히라메 합숙'을 하면서 아이의 본질에 대해 많이 배웠다. 마지막 두 번의 합숙은 분교였다가 폐교가 된 시설을 빌렸는데, 처음으로 2층 건물에서 합숙을 하게 되었다. 물론 아이들은 어디에서 자든 상관없다. 모든 것을 아이들에게 맡겼기 때문이다. 우리는 텐트도 치고 침낭도 많이 준비해두었다. 텐트 안에서 자는 아이도 있고 혼자 침낭 안에 들어가 자는 아이도 있었다.

그런데 합숙 첫 날, 세 명의 아이가 침낭을 들고 계단에서 자겠다며 나섰다. 모험이며 도전이었다. 그리고 그 수는 매일 불어나서 마지막 날에는 열 명이 되었다. 하지만 아침에 가보면 아이들 모두 바닥에 겹쳐서 자고 있다. 잠든 사이에 계단 아래로 굴러 떨어진 것이다.

아이들의 창조성 넘치는 도전을 경험하면서, 아이는 무한한 가능성을 가진 존재라는 감격을 맛볼 수 있었다. 아이들을 예절이라는 틀 속에 가둬둔다면, 어른의 편의를 위한 관리적 차원의 교육만 실시한다면, 과연 이렇게 멋진 창조성을 경험할 수 있을까. '창조성'은 '자유로운' 아이만이 이끌어낼 수 있는 능력이다.

우선 아이를 신뢰하자

'히라메 합숙'에서 또 한 가지 경험한 것은, 가정에서 문제행동으로 여겼던 것들이 대부분 사라졌다는 점이다.

야뇨증도 그 중 하나이고, 그 외의 문제행동들도 많이 사라졌다. 자유가 아이의 마음을 어떻게 해방시켰는가, 나는 진지하게 고민해 보았다. 그리고 부모의 예절교육이 아이들을 힘들게 했다는 것을 알게 되었다.

집안에서 엄격한 예절교육을 받고 부모와 정서적인 공감이 이루어지지 않은 아이일수록, 우리 합숙에 오면 엉뚱한 돌발행동을 보인다.

만약 그 동안 자신의 육아법이 잘못되었다는 것을 알았다면, 무엇보다 아이의 자발성을 키우기 위해 아이에게 진정한 의미의 자유를 주기 바란다.

진정한 의미의 자유란, 무조건 참견부터 하지 말고 아이 행동을 지켜보면서 아이에게 맡기는 것이다. 부모가 무언 수행을 실천하면, 생활면에서 의욕이 없던 아이가 의욕을 일으키기 시작한다. 그것이 궤도에 오르면 학습부분에서도 의욕이 생겨나게 될 것이다.

의욕은 아이들 누구에게나 잠재되어 있으므로, 참견하거나 미리 도와주기보다 끝까지 지켜보고 있으면 언젠가는 겉으로 표출된다. 다시 말해서 아이에게 맡기는 것 그것은 아이에 대한 전면적인 신뢰다. 부모가 신뢰하면 아이는 책임감을 갖게 된다.

이 책임감은 부모나 선생님의 지시를 따르는 것이 아니라 자기 일은 스스로 알아서 한다는 자발성에 근거한 책임감이다. 그러므로 사람들에게 칭찬을 받고 싶다거나 높은 평가를 받고 싶다는 마음과 관계없이 스스로 만족할 수 있으면 된다.

목표 실천 노트

아이가 꼭 고쳤으면 하는 나쁜 습관들을 적어보고 하루하루 관찰 일기를 적어보세요.
맡겨두고 지켜보는 것만으로 아이의 행동이 변할 거예요!

의욕을 키워주는 가정이란

자유야말로 아이 활력의 원천

의욕은 아이들 누구나 갖추고 있는 인격적인 힘이다. 그렇기 때문에 의욕을 충분히 발휘할 수 있는 환경을 만들어주면 반드시 표출된다. 그러려면 아이에게 자유를 주어야 한다. 구체적인 양육방법은 일단 아이에게 맡기는 것이다. 그것은 방임과 전혀 다르다. 아이를 지켜보면서 참견하지 않고, 미리 도와주지 않도록 노력하는 태도다.

아이가 하는 행동을 보고 있으면 답답하고 불안해지기도 한다. 당연히 아이는 무수히 실패를 반복한다. 그러다보면 엄마나 아빠는 참견도 하게 되고 거들어주기도 한다. 하지만 부모의 그런 행동은 간섭과 과잉보호가 되어 아이의 의욕에 압력을 가하고 마는 것이다. 특히 아이가 실패하지 않도록 처음부터 참견을 하고 도와주는 것은 도전의 기회를 빼앗는 행동임을 명심하시라.

아이는 실패를 거듭하면서 다음에는 실패하지 않으리라 결심한다. 그리고 실패했던 경험에 다시 도전한다. 이러한 도전은 의욕과 긴밀하게 연결되어 있기 때문에, 아이가 실패했을 때일수록 참견하거나 도와주어서는 안 된다. 그것이 아이의 의욕을 강하게 하는 중요한 육아 포인트다.

또한 아이가 실패했을 때는 절대로 혼내거나 책망하지 말아야 한다. 과거에 실패했던 일을 자기 힘으로 극복하면 엄청난 자신감이 생기지만, 꾸지람을 듣거나 창피를 당하면 열등감을 느끼고 도전에 대한 의욕도 잃어버리게 된다. 거듭 말하지만 아이의 의욕을 키워주려면 아이를 지켜보면서 마음속으로 응원해주면 된다.

엄마가 할 일은 애정과 인내뿐

지금까지 걸핏하면 부모가 참견하고 미리 도와주고 실패하면 혼내는 바람에, 의욕이 없고 열등감에 휩싸여 있는 아이에게 의욕을 불러일으켜 주려면 어떻게 해야 할까. 원칙은 똑같다. 아이 행동에 대해 참견하지 않고 미리 도와주지 않으면 된다. 나는 이를 가리켜 '무언 수행'이라고 불렀다.

부모가 '무언 수행'을 시작하면, 아이의 생활태도는 순식간에 무너져 버린다. 생활습관도 엉망이 되어 버리고, 책 한 권 안 들여다본다. 그 정도가 심하면 심할수록 그동안 부모가 아이에게 많이 참견하고 도와주었다는 것을 의미한다.

다시 말해서 엄마나 아빠의 명령적 억압으로 대충 생활습관을 지키는 척 하고 공부도 하는 척 했을 뿐 자발성에 근거한 행동은 아니었던 것이다.

그러나 모든 아이들은 인격적으로 의욕을 가지고 태어났다. 그러므로 '무언 수행'을 통해 아이에게 모든 것을 맡기면, 초등학교 저학년인 경우에는 6개월 정도, 고학년은 1년 정도 지나면서 서서히 의욕이 표출되기 시작한다.

그동안 엄마와 아빠가 '무언 수행'을 지속할 수 있는가 하는 것이 승부의 관건이다.

의욕은 평생 동안 그 사람의 버팀목이 되기 때문에 엄마, 아빠는 인내력이 필요하다. 아이의 의욕을 불러일으키는 과정은 어쩌면 부모의 인내력을 테스트하는 과정이라고 해도 과언이 아니리라. '무언 수행'을 철저하게 지킬수록 아이의 의욕 표출은 그만큼 빨라질 것이다.

유머는 사랑으로 이어진다

마지막으로, 어떻게 하면 아이에게 분별력을 가르칠 수 있을까 고민해보자. 한 마디로 부모의 뒷모습을 보여주면 된다. 부모가 책을 읽는다거나 그림을 그리고 시를 낭송하는 등 문화적 모습을 보여주면, 아이는 스스로 책을 펼치고 펜을 들 것이다. 또한 엄마와 아빠가 함께 집안일하는 모습을 보면 아이도 엄마를 도와서 집안일을 하게 될 것이다.

부부가 "잘 자요", "잘 잤어요?"라고 인사를 하느냐 하지 않느냐, 엄마가 어떤 배려를 했을 때 아빠가 "고마워요"라고 답례를 하느냐 하지 않느냐, 그 외에도 아이는 부모의 일거수일투족을 보면서 닮아간다.

엄마, 아빠는 결코 훌륭한 인격의 소유자가 아니다. 실수도 많고 실패도 한다. 그럴 때는 "미안해"라고 솔직하게 말하면 된다. 아이에게도 마찬가지다. 겸허한 것이 가장 중요하다. 절대로 아이에게 으름장을 놓거나 잘난 척 해서는 안 된다. 이러한 부모의 뒷모습이 자신도 모르게 아이 마음에 분별력과 예절을 심어줄 것이다.

처음부터 말로 가르치려고 하지 말자. 말로 하는 설교는 지나친 간섭이 되어, 아이의 의욕 즉 자발성 발달에 압력을 가할 뿐이다. 절대로 잔소리나 지루한 설교가 되지 않도록 노력하기 바란다.

더불어 가정 분위기가 밝아질 수 있도록, 많이 웃는 생활 다시 말하면 유머와 농담 섞인 화제를 자주 나누었으면 좋겠다. 여기에도 엄마, 아빠의 노력이 필요하다. '웃으면 복이 온다'는 속담 속에 아주 중요한 의미가 숨어 있음을 명심하자. 유머는 '사랑'으로 통하는 통로다.

아이를 혼내기 전 읽는 책

초판 1쇄 인쇄 | 2018년 5월 10일
초판 1쇄 발행 | 2018년 5월 17일

지은이 | 히라이 노부요시
옮긴이 | 김윤희
발행인 | 이원주

임프린트 대표 | 김경섭
책임편집 | 정인경
기획편집 | 정은미 · 권지숙 · 송현경
디자인 | 정정은 · 김덕오
마케팅 | 노경석 · 이유진
제작 | 정웅래 · 김영훈

발행처 | 지식너머
출판등록 | 제2013-000128호

주소 | 서울특별시 서초구 사임당로 82
전화 | 편집 (02) 3487-2814 · 영업 (02) 3471-8043

ISBN 978-89-527-9070-5 (03590)